LE CORDON BLEU

"De la Cueillette, à la Recette"

法國藍帶糕點應用20種素材41道糕點變化

無論是在料理，或是製作糕點時，嚴選「素材」，絕對是不容忽視的一環。

法文「pâtisserie」，原為「使用混合麵粉與水而成的麵糊或麵糰 (pâte)
所作成的鹹或甜味食物」之意。
它的最原始型態，就是混合了粉類與水而成，質樸單純的粉類麵糊(糰)。
然後，再逐漸被研發成柔軟、酥脆、或者是濃稠狀等等，
各式各樣誘人的麵糊(糰)或奶油。
之後，又變化出現今我們所熟知，由水果、堅果、利口酒等獨具風味的素材所組合而成、
豐富而多樣的法式糕點。

特別是近幾年來，由於農業技術提高，及貨物流通方式大為改善，從世界各地
取得優質而新鮮的素材，已是輕而易舉之事。
然而，舉凡像水果或堅果這類的素材，天然中卻各自有著微妙特殊而相異之處。
因此，針對欲製作的糕點，慎選合適的素材，並充分發揮此種素材
原本即具有的特殊風味，就顯得格外地重要了。
法國藍帶廚藝學院所設計的課程，主要分為基礎、中級、高級三個階段，並針對
各種不同的主題，教導學生食材的處理方式及技巧。
此外，並由經驗豐富的廚師陣容，傳授各種製作傳統糕點，
以及由此發展而成，發揮各類素材特性的現代糕點...等相關，廣泛而重要的知識與技能。

本書中，特別精選出20種特別受歡迎的素材，除了介紹各種素材的相關基礎知識，也一併介
紹幾道使用這幾種素材來製作的糕點。
當您特別想要使用某種素材來製作糕點時，
本書中所介紹的41道糕點就可以讓您如願以償了。
最後，建議您能夠先親嚐體驗各種素材的原味，有了更深入的了解之後，
再來挑戰本書中的各道法式糕點，這樣就更事半功倍了。

2004年5月
法國巴黎藍帶廚藝學院日本分校

法國藍帶的
20種素材與41道法式糕點
LE CORDON BLEU
"De la Cueillette, à la Recette"

Table des Matières
目次

4 INTRODUCTION
前言
6 TABLE DES MATIÈRES
目次
8 LES PRODUITS DE BASE
基礎食材簡介

12 **Les Fruits**
水果

14 Framboise 覆盆子
15 **Chocolat Framboise**
巧克力覆盆子
18 **Croustillant Chocolat-Framboise**
巧克力脆片
覆盆子
20 **Entremets Fromage Blanc**
白起司蛋糕

22 Fraise 草莓
23 **Fraisier**
草莓園蛋糕
26 **Mille-Feuille aux Fraises**
草莓千層糕

28 Myrtilles/Cassis
藍莓/黑醋栗
29 **Pâte de Fruits Cassis**
黑醋栗軟糖
30 **Tarte Myrtilles**
藍莓塔

32 Pâche 桃子
33 **Pâche Légère**
桃子奶油起司蛋糕

36 Cerise 櫻桃
37 **Tarte Griottes aux Amandes et**
Streuzel à la Menthe Fraîche
酸果櫻桃杏仁薄荷塔

40 **Mille-Feuille aux Cerises**
櫻桃千層糕

42 Mirabelle 洋李
43 **Tarte Chiboust Mirabelle**
洋李吉布斯特塔

46 Pomme 蘋果
47 **Jalousie**
忌妒
50 **Tarte Normande**
諾曼地塔

53 Poire 洋梨
54 **Terrine aux Poires**
洋梨凍派

56 Agrumes 柑橘類
58 **Préparation des Agrumes**
柑橘類的事前處理方式
60 **Tartelette Citron Meringuée**
迷你檸檬塔
62 作法
61 **Macaron Citron et Orange**
檸檬與柳橙小圓餅
63 作法
64 **Tarte Pamplemousse Truffée**
à la Gelée de Chocolat au Lait
葡萄柚松露牛奶巧克力塔

66 作法
65 **Tarte Citron Vert au Sarrasin**
蕎麥萊姆塔
67 作法
68 **Oranges Sanguines**
紅橙慕斯蛋糕

71 Rhubarbe 大黃
72 **Dôme Fraise-Rhubarbe**
大黃草莓圓頂蛋糕
75 Figue 無花果
76 **Cake aux Figues**
無花果蛋糕
78 **Figue au Vin Rouge**
紅酒糖煮無花果

80 Fruit de la Passion
百香果
81 **Passion**
激情

84 **Les Fruits Secs**
堅果

86 Châtaigne et Marron 栗子

87 **Mont-Blanc**
蒙布朗
製作蛋白霜

90 **Croquant de Châtaigne au Miel**
蜂蜜栗子脆餅

92 Noisette 榛果

93 **Praliné Maison**
自製帕林內

94 **Bûche Praliné**
à l'Orange Semi-Confite
帕林內柳橙蛋糕

97 **Nougat Chocolat-Noisettes**
et Cerises Sauvages
巧克力榛果櫻桃牛軋糖

99 Amande 杏仁

100 **Florentins**
佛羅倫汀巧克力餅

102 **Croquants aux Amandes**
杏仁脆餅

104 Pistache 開心果

105 **Entremets Pistache-Abricot**
開心果杏桃蛋糕

108 **Les Arômes**
香料類素材

110 Épices 香料

111 **Cake au Gingembre**
薑汁蛋糕

114 **Pain d'Épices**
香料麵包

115 Liqueur et Eau-de-Vie
利口酒與蒸餾酒

116 **Crêpe Suzette**
烈焰可麗餅

118 **Baba au Rhum**
蘭姆芭芭

121 Café 咖啡

122 **Tiramisu**
提拉米蘇

124 **Le Chocolat**
巧克力

126 Chocolat 巧克力

127 **Techniques de Base**
du Chocolat
巧克力的基本技巧

130 **Douceur Lactée**
都什拉克堤

132 作法

131 **Arabica**
阿拉比卡

134 作法

136 **Croustillant Gianduja**
姜都亞脆餅蛋糕

138 作法

137 **Tartelette Chocolat-Passion**
百香果巧克力塔

140 作法

142 **Choco Orange**
柳橙巧克力蛋糕

144 作法

143 **Ivoire**
象牙蛋糕

146 作法

148 **Cuisson et Taillage**
加熱與削切

150 **Cuisson du Sucre**
加熱砂糖
製作義式蛋白霜

152 **Confiture**
果醬

153 **Compote**
糖煮水果

154 **Semi-Confit**
半果醬

155 **Fruits Séchés**
乾燥水果

156 **Taillage**
削切

158 **Glace**
冰淇淋

159 **Sorbet**
冰沙

其它重要素材

19 白起司 (**Fromage Blanc**)

39 羅瑪斯棒 (杏仁含量較高的**marzipan**)

39 鹽花 (**Fleur De Sel**)

55 米酥

67 蕎麥麵

77 翻糖 (**Fondant**)

82 安定劑

98 乾燥蛋白

Les Produits de Base ～ 基礎食材簡介

法式糕點 (Patisserie) 中，有許多重要的食材，例如：麵粉、砂糖、蛋、乳製品等。

雖然，這都是大家所熟知的食材，如果能夠正確地了解它們的用處及可發揮出的效果，就能夠調製出更完美的麵糊 (糰) 或奶油了。

Farine
麵 粉

麵粉在法文中的正式名稱是「Farine de Blé＝小麥的粉」，但也可簡稱為「Farine」，即為「麵粉」，為製作法式糕點 (Patisserie) 時，許多麵糊 (糰) 的基礎素材。麵粉是在製造廠中，先將收割後的小麥異物取出，去麥糠，再歷經數度碾磨而成的粉末。雖然，玉米或稻米所磨成的粉，或蕎麥粉等碳水化合物的粉類，也可以用來製作甜點，然而，最大的不同點，就在於麵粉裡含有蛋白質。麵粉在加了水混合後，其所含的蛋白質就會形成海綿狀的小麥筋蛋白 (gluten)，而變成具伸縮性的麵糰了。

低筋麵粉

蛋白質含量約為8%的麵粉。適合於製作成較具韌性或黏性，或者是柔軟、酥脆的成品時使用。大多用來製作酥餅 (pâte sablée)、比斯吉 (biscuit)，或小巧烘烤糕點 (fours secs) 等。

中筋麵粉

蛋白質含量約為10%的麵粉。適合於製作成酥餅 (pâte sablée)，或油酥餅 (pâte brisée) 等烘烤好後既酥脆，又有嚼勁的成品時使用。此外，也適合用來製作像傳統千層派 (pâte feuilletée) 這樣，在製作過程中須多次擴展開來，需要較高含量的小麥筋蛋白 (gluten)，才較易膨脹，變成有層次的派。

高筋麵粉

蛋白質含量約為12%的麵粉。最適合用來製作用了酵母菌來發酵的麵包。在法式糕點 (Patisserie) 中，常用於製作奶油餐包 (brioche)，或加了酵母菌製成的糕點。

Sucre

砂 糖

製作法式糕點 (Patisserie) 時不可或缺的「甜味」素材。由於具有保溼性與吸水性，有助於蛋的打發。藉由調節其溫度或量，還可讓麵糊 (糰) 變化出各種不同的柔滑度、酥脆度、強韌度等質感。此外，還可以用來做出糕點表面的光滑感，或烘烤過的黃褐色

(砂糖的加熱方式，請參照p.150)。砂糖的主要原料為甘蔗，或甜菜。製作時，先壓榨成汁，去掉砂塵等雜質，熬煮後，分離成黑色的砂糖塊，及濃稠的液態「糖蜜」。有的砂糖就是經由這樣的過程熬煮後，結晶而成的。不過，一般市面上所販售的砂糖，

幾乎都是分離出糖蜜後所精製而成的「分蜜糖」。一般而言，若是主要成分「蔗糖」的含量越高，雜質越少，純度就越高。從原料的糖液，歷經數次的精製過程後，越後階段精製成的砂糖，由於礦物質含量較高，純度就會降低。

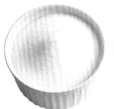     

| Sucre Semoule 細砂糖 | Sucre Glace 糖粉 | Sucre Cristallisé 白粗糖 | Cassonade 紅糖 | Glucose 葡萄糖 | Miel 蜂蜜 |

純度最高的精製糖。製作法式糕點 (Patisserie) 時，若需使用到砂糖，又沒指定使用哪一種時，就是要用細砂糖。由於其顆粒細緻呈砂狀，甜味中又不帶有其它特殊的味道，最適合用來製作各式各樣的糕點了。依廠商的不同，大致上製造出的砂糖約略可分為3~5號不同大小的顆粒尺寸。

將細砂糖壓製成顆粒更微細的粉末狀後所成的砂糖。由於其顆粒微細，容易吸水而結塊，所以，通常大都會加入2~3%的玉米粉混合。除了在最後的修飾時撒在表面上作裝飾用之外，也很適合用來製作蛋白霜 (meringue) 或法式小圓餅 (macaron) 等需要作出細緻口感的糕點。

顆粒比細砂糖還粗的砂糖。由於顆粒較粗，較不容易溶解，所以，最適合用來糖煮水果，或撒在水果軟糖 (Pâte de Fruits) 上。此外，還可以替代細砂糖，混和在麵糰裡，營造出甜味柔和而若隱若現地夾雜在其中的口感。

以甘蔗為原料所製成的含蜜糖 (精製度低的砂糖)。由於含有蜜蠟與膠的成分，所以，聞起來既帶有蘭姆的香氣，吃起來還有豐富而濃郁的甜味。以甜菜為原料所製成，香氣濃郁的含蜜糖，法文稱之為「vergeoise」，也是紅糖 (sucre roux) 的一種。紅糖的特點，就是可為法式糕點 (Patisserie) 增添純樸而具深度，且強有力的口味。

以甘藷或穀類的澱粉為原料所製成的甜味調味料，主要成分為麥芽糖與葡萄糖。由於在製造過程中所產生的物質「糊精 (dextrin)」，具有黏性及保溼性等特點，所以，比較不容易結晶。此外，若是用來製作糕點的糖衣 (glaçage) 等，就可以在表面作出漂亮的光澤來了。

人類史上最原始，也最自然的一種甜味調味料。蜜蜂將從樹木或花叢採得的蜜汁放到蜂巢中後，人類再從蜂巢中採集取得。蜂蜜的香氣或味道，會依蜜蜂最初採集的的對象而有所不同。一般而言，它的甜味既帶點酸味，又有著香氣，再加上和葡萄糖 (Glucose) 一樣具有高度的保溼性，和麵糊 (糰) 混合後，就可以作出味道厚實的質感來。

Œuf
蛋

無論是要製作入口即化，若有似無口感的蛋白霜，或輕盈柔軟的比斯吉 (biscuit)，或是含有空氣的慕斯（mousse）等法式糕點 (Patisserie)，蛋白幾乎可以說是不可或缺的重要素材。另外，若是要製作像帕提西耶奶油 (Crème Pâtissiere) 等，香味濃郁，質感柔滑的各種奶油，就使用蛋黃了。製作法式糕點 (Patisserie) 時，有時分蛋，有時則蛋黃與蛋白一起使用，需視不同的狀況而定。

Blanc d'Œuf
蛋白

蛋白的成分中，水分佔88%，其餘則為約10%的蛋白質，加上碳水化合物、灰分。蛋白質中所具有的起泡性與加熱後會凝固的特性 (加熱至60℃時會開始產生黏性，加熱至75~80℃時就差不多凝固了)，在製作糕點時可以發揮出極大的功效。新鮮的蛋白裡含有大量頗具彈性，果凍狀的「濃厚蛋白」，與蛋黃分蛋後，靜置數日，就會變成清澈液態狀的「稀蛋白」了。後者因表面張力變弱，較容易打發，製作糕點時用起來較方便。

Jaune d'Œuf
蛋黃

蛋黃的成分中，水分佔一半，其餘的固態部分中，60%為油脂，而蛋黃油則佔了其中的25%。若將蛋黃加到奶油裡，不僅可以增添風味，更由於蛋黃油兼具親油性及親水性這兩種特性，有助於發揮乳化作用，因此，可以作出柔滑的質感來。此外，它最常被運用的，就是在奶油裡時，溫度若達到65℃時，就會開始產生黏性，70℃時，就會開始凝固的特性。另外，由於蛋黃是種非常容易滋生細菌的素材，特別是新鮮的蛋黃，切勿長時間放置在細菌容易繁殖的35℃上下溫度的環境中。

Produits Laitiers
乳製品

牛奶，就是從乳牛身上擠出所得的白色液體。牛奶本來就是母牛用來哺育小牛的食品，所以，特別具有豐富的營養，在製作法式糕點 (Patisserie) 上，可以說是種深具影響力的基礎食材。由於牛奶的味道清爽而濃郁，加上乳糖所帶有的柔和甜味及香甜味，用來與蛋黃混合，製作奶油，特別適合。此外，用牛奶加工製成的鮮奶油，或奶油，因為味道豐富而濃郁，所以，特別適合用來作為調味用的奶油或慕斯的基本材料。

Lait
牛奶

乳脂、乳蛋白質、水溶性乳糖乳化的狀態下，混合而成的物質。剛擠下的牛奶稱為生乳 (Lait Cru)，若就此靜置，成分中的脂肪就會與水分離，浮出表面。將這種脂肪球打碎處理過後，就成了一般在市面上流通販賣的牛奶了。此外，再經過加熱殺菌處理的殺菌乳 (Lait Pasteurisé)，就是一般製作法式糕點 (Patisserie) 時所用的牛奶了。

Crème
鮮奶油

將生乳放進離心分離機，利用比重的不同來濃縮乳脂，讓奶油層自牛奶中分離出來，再經過殺菌，冷卻的製程，就成了鮮奶油了 (剩餘的部分則是脫脂牛奶)。若是再將鮮奶油熬煮加工處理過，提高它的乳脂含量，就成了濃味鮮奶油 (Crème Double，乳脂含量40~45%) 了。不濃稠而呈液態狀的鮮奶油，不論乳脂含量多寡，都總稱為Crème Fleurette。

Beurre
奶油

先將浮出牛奶表面的奶油加工，再攪拌過，讓奶油牛奶與奶油顆粒分離開來。再將奶油顆粒水洗過，經過提煉過程而得的均質成品，就是奶油了。它的成分中，含有約80%的乳脂，少數的固態無脂乳，還有約低於17%的水分。香濃的味道，加上濕潤的口感，更具有抑制麵粉中小麥筋蛋白 (gluten) 作用的功效，有助於增添柔和的口感。用來製作調味用奶油時，可以增進濃稠度及柔滑度。由於奶油在加入混合時的溫度及硬度，會影響到最後完成時的質感，所以，請特別留意溫度的調節。

Les Fruits

水 果

Framboise

覆盆子
英 Raspberry
日 ヨーロッパキイチコ

>> Mûre／黑莓

黑莓與覆盆子都是由小核果聚合而成的水果，在法國的阿爾薩斯 (Alsace) 很常見，顏色幾乎是全黑的。果肉結實，酸味強烈。產季約在9月~10月，除了用來生食，也常被用來加工製成果醬 (confiture) 等。

>> Produit Congelé／冷凍品

由於覆盆子或黑莓非常脆弱，容易損傷，所以，市面上也常可見到販售冷凍品。解凍後，水分會流失，所以不大適合生食。但是，若用來加熱，則比新鮮的果實更容易熟透，使用起來反而比較方便。

色彩鮮紅的覆盆子，讓人在不經意的漫步中，也會被它的顏色所吸引。將小巧的果實放入口中後，酸甜的香味就會散發開來，可以說是在製作法式糕點 (Patisserie) 時不可或缺的一種水果。它既可以發揮突出糕點甜味的功效，更是許多法式糕點 (Patisserie) 的主要素材。

○歷史 · 產地

原產於亞洲之低木的果實。史前即已存在，由十字軍在土耳其發現，自中世紀時代開始，歐洲地區開始進行栽種。18世紀時經過改良，從19世紀之後，歐洲及北美地區更大量地栽種這種水果。

○分類 · 形狀

隸屬薔薇科，為帶刺的低木。先開白色的花，然後結果。果實是由許多小核果聚合而成，大小約為直徑4~6cm，每個小核果都含有1顆籽。

○味道的特徵

香氣濃郁，雖帶有甜味，但酸味也很重。入口後，小核果就會分散開來，酸甜的味道就會在口中散發開來。雖然吃起來可以明顯感覺到種籽的顆粒，和果肉一起，很容易咬碎了。

○產季與挑選

以往的產季為初春到初夏。最近，由於還有溫室栽培的產品，所以，一年四季都可以買得到。秋季產的交配種，雖然顆粒大，顏色也很鮮紅，卻比較沒有味道。由於果實比較脆弱，最好儘量挑選新鮮的產品，果肉結實，表面具光澤的果實，避免挑選柔軟而顏色不鮮豔，或完全被包裝在盒中，以及過於熟透，或已發霉的果實。

○保存法

切勿長時間曝曬在日光下，或放置於室溫下。清洗前，先挑除已損傷的果實，再裝入大容器中，放入時不要擠壓。可放置在冰箱內保存1~2日。可將整顆果實，或作成果泥 (Coulis) 後再放入冰箱冷凍。由於覆盆子若吸了水，就會變得柔軟無力，所以，建議您在使用前才水洗。

○運用技巧

由於覆盆子具有酸甜的風味，只要加入砂糖，淋上鮮奶油，就可以成為一道甜點了。它的香味濃郁，所以，可以用來製作果醬 (Confiture)、糖煮水果 (Compote)、塔 (Tarte)、果凍 (Gelée)、水果冰等，用途非常廣泛，還可以加工製造成利口酒。其中，若是與味道豐富，既香濃又甜的巧克力，或口味濃郁的奶油搭配組合，更可以達到互顯突出的效果。如果作成果泥醬 (Coulis)，或果泥 (Purée) 來用，更能夠發揮其新鮮動人的酸味，不過，為防止其變色，請記得加入少量的檸檬汁。

Chocolat Framboise

巧克力覆盆子

巧克力與覆盆子，可以說是在法式糕點 (Patisserie) 中，最佳的搭檔了。巧克力的濃郁及
苦味、甜味，與覆盆子鮮明突出的水果味，正好可以互相搭配輝映。
巧克力口味的比斯吉 (biscuit) 底座，再加上覆盆子奶油，及巧克力慕斯，味道上強烈的對比，正好成為絕配。

Chocolat Framboise
巧克力覆盆子

直徑**18**cm × 高**4.5**cm 的圓形中空模
(cercle) 1個的份量

Biscuit Sacher
比斯吉塊

羅瑪斯棒 ···· 90g
細砂糖 ···· 70g
蛋黃 ···· 6個
融化奶油 ···· 75g
A: 蛋白 ···· 6個
　　細砂糖 ···· 125g
　　　　　　　　g
B: 低筋麵粉 ···· 75g
　　可可粉 ···· 50g
○ 加熱軟化羅瑪斯棒。
○ 打發A，作成蛋白霜。
○ 混合B的粉類，過篩。

Crémeux Framboise
覆盆子奶油

覆盆子果泥 (purée) ···· 140g
蛋黃 ···· 40g
全蛋 ···· 50g
細砂糖 ···· 40g
吉力丁片 ···· 3g
無鹽奶油 ···· 50g
○ 吉力丁片用水泡脹。
○ 奶油回復成室溫奶油。

Mousse Chocolat
巧克力慕斯

「炸彈麵糊 (pâte à bombe)」
　　30度糖漿 (syrup) ···· 113g
　　蛋黃 ···· 98g
　　鮮奶油 ···· 45g
　　黑巧克力 (可可含量70%) ···· 225g
　　鮮奶油 ···· 398g
○ 打發蛋黃。
○ 融化巧克力。
○ 輕輕打發398g的鮮奶油，到舀起時會
留下痕跡的程度，再放入冰箱冷藏。

Garniture et Décor
配料與裝飾

含籽覆盆子果醬 ···· 100g
覆盆子 ···· 1盒
糖粉 ···· 適量

Pistolage
噴飾巧克力

　　黑巧克力 ···· 1kg
　　可可塊 (pâte de cacao) ···· 250g
　　可可奶油 (beurre de cacao) ···· 450g
○ 混合融化全部材料。

比斯吉塊

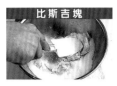

1

將70g的細砂糖加入羅瑪斯棒裡，用橡皮
刮刀充分混合。

2

將蛋黃一個個加進去，每次都用橡皮刮
刀，用壓的方式混合均勻。>>如果質地
已經變軟了，一次加2個蛋黃進去也行。

3

將2加一點進去融化奶油裡，拌勻。

4

將A的蛋白霜換裝到大的攪拌盆裡，把剩
餘的2倒入，迅速攪拌混合。

5

將B的粉類倒入，用橡皮刮刀由中央往邊
緣，像要舀起般地迅速攪拌混合。

6

將3倒入，迅速攪拌混合，注意不要讓它
結塊了。

7

先將矽利康烤布鋪在烤盤 (30cm×50cm，
以下同) 上，再將6倒入鋪勻，放進烤箱以
200℃烤約10分鐘。烤好後，從烤盤上移
開，靜置冷卻。

覆盆子奶油

1

加熱覆盆子果泥到沸騰。將蛋黃、全蛋、
細砂糖放進攪拌盆內，充分攪拌。然後，
將沸騰過的覆盆子果泥倒入，用攪拌器攪
拌均勻。

2

倒回鍋內加熱，邊混合，邊加熱到沸騰。
再加入已用水泡脹的吉力丁片，繼續加
熱。不時地用橡皮刮刀混合，以免黏在鍋
緣的料糊燒焦了。

3

待吉力丁溶解後，就從爐火移開，換裝入
攪拌盆內，底部隔著冰水冷卻至約40℃。

4

加入奶油，用手提電動攪拌器攪拌至乳化
為止。

5

先將直徑16cm的圓形中空模放在矽利康烤
布上，再將4的料糊倒入，放進冷凍庫冷
藏凝固。

巧克力慕斯

1

製作蛋黃霜。先加熱糖漿到沸騰。然後，邊加入已打發的蛋黃內，邊用攪拌器混合。

2

用濾網過濾後，邊用攪拌器混合，邊隔水加熱。等到稍微打發後，再用電動攪拌器，以高速攪拌至泛白濃稠為止。最後，再用中速攪拌，讓泡沫變得均勻細密。

3

先加熱45g的鮮奶油到沸騰，再倒入黑巧克力裡。然後，用攪拌器混合，作成質地柔滑的甘那許 (ganache)。＞＞接下來的步驟4~6，在要開始製作慕斯的組裝 (Montage) 之前，再繼續進行即可。

4

將2的蛋黃霜一半的量加入。

5

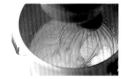

將剩餘的蛋黃霜加入398g的鮮奶油裡，攪拌混合。

6

混合4與5，用橡皮刮刀像切東西般地輕輕混合，以免微弱的泡沫消失。切勿在結塊消失後即開始混合。

組裝

1

將比斯吉從矽利康烤布上移開，配合圓形中空模的高度，切割成帶狀。

2

將圓形中空模放在襯紙上，內側貼上玻璃紙後，再將1的帶狀比斯吉緊貼上邊緣，不要留有任何空隙。＞＞圍上2層比斯吉亦可，但要貼緊，不要留有任何空隙。

3

再用直徑16cm的圓形中空模，從剩餘的1，切出2塊圓塊。先將其中1塊的單面塗滿覆盆子果醬，鋪在2的圓形中空模的底部。

4

將巧克力慕斯擠在表面上，約至1cm的厚度。

5

覆盆子奶油脫模，疊在4的上面，並輕壓讓它緊貼。

6

然後，再次擠上慕斯，中央擠多點，做成圓頂狀。

7

將剩下的另1塊圓形比斯吉疊上去。

8

再次擠上慕斯，然後，用抹刀整平。

9

脫模。將慕斯裝入水滴狀擠花袋裡，擠在表面上，作裝飾。掉落在週邊的慕斯，用抹刀刮除，將側面外觀整理好。然後，放進冷凍庫內，將慕斯冷藏凝固。

10

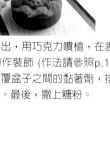

從冷凍庫取出，用巧克力噴槍，在表面噴淋上巧克力作裝飾 (作法請參照p.129)。用果醬充當覆盆子之間的黏著劑，排列在表面的中央。最後，撒上糖粉。

Croustillant
Chocolat-Framboise

巧克力脆片覆盆子

這是種由巧克力甘那許與覆盆子組合而成，
以酥脆芳香的布列塔尼煎餅為底，令人感覺愉悅舒適的甜點。
覆盆子排列在像花瓣般的巧克力片邊緣上，看起來就像水滴般可愛動人。
脆片吃起來時的香脆口感，亦是這種甜點吸引人的一大魅力之一。

直徑**18**cm × 高**4.5**cm 的圓形中空模
(cercle) **1**個的份量

與直徑**6**cm × 高**3**cm 的圓形中空模
(cercle) **6**個的份量

Galette Bretonne
布列塔尼煎餅

A:低筋麵粉 ···· 300g
　泡打粉 ···· 4g
　無鹽奶油 ···· 300g
　糖粉 ···· 180g
　蛋黃 ···· 3個
　鹽 ···· 1撮
　香草糖 ···· 1撮
○ 混合A的粉類，過篩。
○ 將奶油放進冰箱冷藏。

Croustillant Chocolat
巧克力脆片

　葡萄糖 ···· 50g
　水 ···· 10g
　無鹽奶油 ···· 130g
　細砂糖 ···· 150g
　可可粉 ···· 15g
　杏仁碎粒 ···· 140g

Ganache aux Framboises
覆盆子甘那許

　水 ···· 50g
　覆盆子 ···· 350g
　細砂糖 ···· 20g
　鮮奶油 ···· 150g
　黑巧克力 (可可70%) ··· 300g
○ 切碎巧克力，加熱融化。

Décor
裝飾

　覆盆子 (新鮮) ···· 適量
　無色鏡面膠 (Nappage Neutre) ···· 適量
　薄荷葉 ···· 適量
　覆盆子果泥醬 (coulis) ···· 適量

布列塔尼煎餅

1
將A的粉類攤撒在工作台上後，把奶油放上去，切碎。用雙手手掌像摩擦般，將奶油與粉類混合到像沙般的狀態。

2
攤開成圓環狀，將糖粉、蛋黃、鹽、香草糖放在中央。先用指尖充分混合後，再從圓環的內側邊緣開始，與1混合均勻。

3
將麵糰在工作台上，像揉撮般地混合到結塊消失為止。平攤開來後，放進冰箱冷藏。

4
先在工作台上撒上手粉，再將麵糰放上去，攤開成3cm厚。然後，用圓形中空模切割，放進已預熱到180℃的烤箱內。

5
同時，將溫度設定調降到160℃，烤約15~20分鐘。脫模，放到網架上乾燥。

巧克力脆片

1
先用小火加熱溶化葡萄糖，再加入水、奶油。等到全部都溶解後，將細砂糖一次全部加入，加熱到沸騰。

2
完全溶解後，關火，加入可可粉混合。最後，再加入杏仁碎粒混合。

3
趁熱薄薄地攤放在硫酸紙上，放進冰箱冷藏凝固。然後，整理好形狀，攤放在烤盤上，用170℃烤約十幾分鐘，到表面出現坑坑洞洞為止。

覆盆子甘那許

1
水加熱後，將覆盆子放入，撒上細砂糖。

2
用木杓邊將果粒壓碎，邊混合。然後，熬煮成果泥。請小心留意不要燒焦了。

3
將融化了的巧克力倒入較深的容器中，再將2倒入，用手提電動攪拌器攪拌到乳化。

組裝

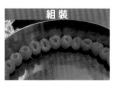

1
在圓形中空模底部鋪上保鮮膜，沿著模型的內側邊緣排上1列的覆盆子。

2
將甘那許倒入，到覆盆子的高度為止，用湯匙的被面整平，到毫無空隙為止。然後，將煎餅疊放上去，輕壓固定。放入冰箱，冷藏凝固。

3
翻面，讓煎餅那面朝下，脫模。將保鮮膜撕除，用鏡面果膠，薄荷葉作裝飾。插上脆片，盛到盤中，淋上果泥醬。

Entremets Fromage Blanc

白起司蛋糕

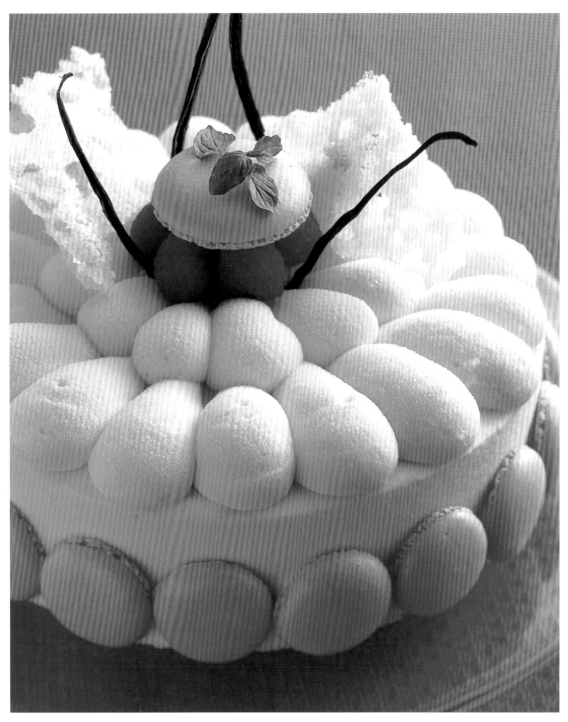

這道甜點，結合了像優格般清爽的酸味，與濃郁香味的新鮮起司，具有舉足輕重的地位。
底部則是柔軟爽口的達垮司。
暗藏排列其中的覆盆子，鮮明的色彩，與突出的味道，為向來給人味道平淡印象的慕斯，
增添了生動的魅力與迷人的風味。

直徑18cm × 高4.5cm 的圓形中空模
(cercle) 1個的份量

Dacquoise
達垮司

A：杏仁粉 ···· 140g
　　糖粉 ···· 140g
　　低筋麵粉 ···· 60g
B：蛋白 ···· 225g
　　細砂糖 ···· 80g
○ 混合A的粉類，過篩。
○ 打發B，製作蛋白霜。

Macaronade
法式圓餅

蛋白 ···· 75g
細砂糖 ···· 40g
杏仁粉 ···· 60g
糖粉 ···· 112g
食用色素 (紅) ···· 適量
○ 參照p.63的作法，製作法式圓餅麵糊。

Mousse Fromage
起司慕斯

細砂糖 ···· 70g
水 ···· 20g
蛋黃 ···· 2個
吉力丁片 ···· 9g
白起司 (Fromage Blanc) ···· 220g
鮮奶油 ···· 250g
○ 吉力丁先用水泡脹，再隔水加熱融化。
○ 攪拌白起司，到變得柔滑為止。
○ 稍微打發鮮奶油。

Pistolage
噴飾巧克力

白巧克力 ···· 600g
可可奶油 ···· 400g
○ 先混合，再融化。

Garniture et Décor
配料與裝飾

含籽覆盆子果醬 ···· 適量
覆盆子 ···· 適量
香草莢 ···· 適量
薄荷葉 ···· 適量
砂糖雕花＊ ···· 適量

＊用砂糖500g，水200g的比例，製作糖漿。
冷卻後，倒入托盤內，輕撒些細砂糖上去，
在室溫下放置一晚。隔天，就會形成表面呈
白色結晶的砂糖。取出後，切割成喜好的大
小及形狀，就可以用來作裝飾了。

達垮司

1
將A的粉類加入蛋白霜裡，用橡皮刮刀混
合。混合的時候，要迅速地從攪拌盆中央
往邊緣舀起般地混合，注意不要結塊了。

2
將硫酸紙鋪在烤盤上，用直徑16cm的圓形
中空模印在上面作個記號，再用1在上面
擠出漩渦狀。

3
撒上糖粉(未列入材料表)，用烤箱以180℃，
烤約20分鐘。法式圓餅 (Macaronade) 也以
同樣的方式，作出形狀來烘烤。同時，也要
製作小的法式圓餅 (Macaronade) 備用。

起司慕斯

1
加熱細砂糖、水，到沸騰。等熱度達到
113~114℃時，就加到已攪開的蛋黃汁
裡，用攪拌器混合到完全散熱為止。

2
將少量的1加到融化了的吉力丁裡稍加混
合後，再一起倒回剩餘的1裡混合。

3
將2倒入白起司裡混合，注意不要結塊了。
然後，再將鮮奶油倒入混合。混合時，用橡
皮刮刀像切東西般，迅速地混合均勻。

組裝

1
將達垮司放在襯紙上，用直徑16cm的圓形
中空模切割。然後，塗抹上薄薄一層的果
醬，再將覆盆子排列在整個表面上。

2
用直徑18cm的圓形中空模框起來，將慕
斯倒入，到覆盆子被淹沒，幾乎看不到
為止。

3
用巧克力噴槍將白巧克力噴淋在烤好的法
式圓餅上 (參照p.129)。

4
將表面噴淋處理完的3疊在2上，把慕斯倒
入，到和圓形中空模一樣的高度為止，放
進冰箱冷藏凝固。

5
用事先預留下來，已冷藏過的慕斯，從外
圍往中央擠花，作出花瓣般的形狀。

6
表面先用巧克力噴槍噴淋 (參照p. 129)
後，再用覆盆子、小的法式圓餅、香草
莢、薄荷葉、砂糖雕花作裝飾。

＞＞Les Autres Produits
其它重要素材

白起司 (Fromage Blanc)
這是種外形看起來像優格，質地柔軟，吃起來
時的口感，既可感到酸味，又很濕潤的新鮮起
司。一般而言，乳脂含量約為45%，由於嚐起
來味道香濃，所以，很適合用來製作點心。如
果稍微瀝除水分，搭配上鮮奶油、砂糖，就成
了簡單而常見的一道甜點了。

Fraise

草莓
英: Strawberry
日: イチゴ

香氣濃郁，味道甜美的草莓，在所有莓類的水果當中，可以說是在世界上最受到喜愛的一種了。無論是就大小，顏色，或風味而言，種類繁多，據說目前世界上有的品種，就多達600種以上了。草莓小巧可愛的模樣，及柔和的味道，廣受大眾喜愛，非常適合用來製作法式糕點 (Patisserie)。尤其是在日本，用草莓作成的糕點，更是大受歡迎。

○歷史 ‧ 產地

草莓一般生長在溫帶氣候區。大致可分為歐洲原產，與美洲原產兩個品種，據說在歐洲，從羅馬時代，就已開始食用草莓了。歷史上有很長一段時間，人們食用的是野生品種的草莓。然而，到了18至19世紀這段期間，世界各地開始盛行各種草莓品種的交配，於是，顆粒大，甜度高的草莓，就此誕生了。即使是現在，新的品種也是持續不斷地被開發當中。

○分類 ‧ 形狀

薔薇科匍伏性植物。用來食用的果肉，從植物學上而言，並不是果實，而是由草莓的莖發展膨脹而成的部分。果肉的表面上，可以看到一點一點的黃色籽，才是植物學上所謂的果實。野生品種中，較有名的為野草莓 (fraise des bois)、白花蛇莓 (學名: Fragaria vesca，法文: mara des bois，日文: 蝦夷蛇莓)等。

○味道的特徵

嚐起來，帶著香甜的芬芳，果肉柔軟多汁。在莓類水果當中，屬於甜度較高的一種，經過不斷交配後的結果，市面上就常可見到顆粒大，味道甜的品種了。雖然野生品種的顆粒較小，濃縮的水果味與豐富的芳香，卻常常勝過交配品種。

○產季與挑選

產季從3月中旬開始，5~6月為旺季。然而，由於品種或產地不同，或因栽培法改進之故，最近，一整年都可以買得到草莓了。不過，顏色紅透到顆粒的中心部位，風味較佳的品種，還是要等到春季至初夏才會出產。由於草莓較脆弱，容易損傷，選購時，挑選硬實而有光澤的比較好。此外，一般而言，色澤呈明亮鮮紅色的，會比較新鮮。雖然有時會依品種而異，通常外觀若是呈現暗紅色，可能就是因為過熟，或氣溫太熱而導致的變色。

○保存法

草莓非常容易腐壞，所以，千萬要避免放置在日照或室溫的環境下。要吃之前，再清洗去蒂。保存時，裝入大容器中，放入時不要擠壓，放置在冰箱內可保存2~3日。若是要用來加熱使用，也可放置冷凍庫保存。

○運用技巧

草莓既酸又甜的風味，讓它更加誘人，特別是已完全成熟的果肉，就這樣拿來食用，或淋上優格、鮮奶油等，就成了常見的一道甜點了。製作法式糕點 (Patisserie) 時，也常常會使用新鮮的草莓，其中最有名的，就是草莓園蛋糕 (Fraisier)。它是由質地柔軟的蛋糕，加上奶油所組合而成，味道柔和的口感，令人很容易接受。另外，如果草莓是要用來和砂糖一起加熱，先加工成果醬 (confiture) 或糖煮水果 (Compote) 後，再用來製作法式糕點，就很適合放進冷凍庫保存了。

Fraisier

草莓園蛋糕

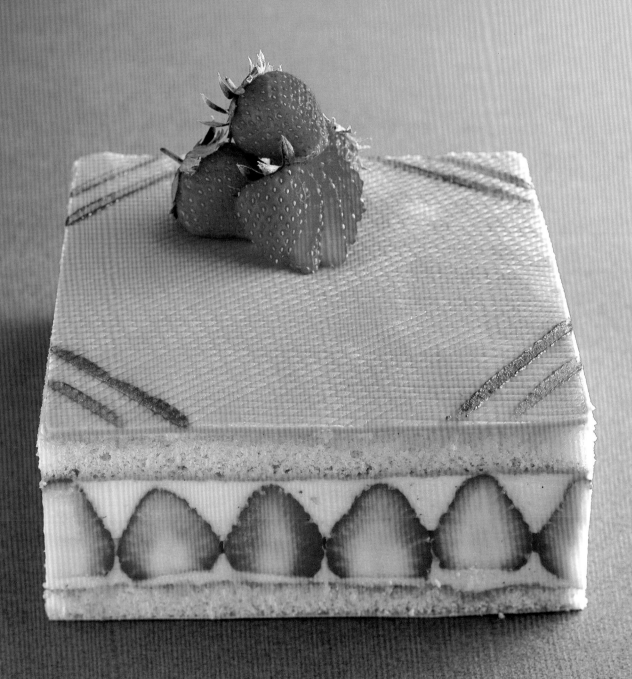

在法國，一提到草莓蛋糕，就非此莫屬了：
這是一道用香濃杏仁味海綿麵糊 (génoise)，夾著混合黃奶油 (Crème au beurre) 與帕堤西耶奶油
(Crème Pâtissiere) 所成的慕思林內奶油 (Crème Mousseline)，以及草莓，所組合而成的甜點，充分發揮出草莓的甜味。

Fraisier

草莓園蛋糕

18cm × 18cm × 高5cm 的方形中空模
1個的份量

Génoise aux Amandes
杏仁海綿蛋糕

  全蛋 ···· 5個
  細砂糖 ···· 100g
  A: 低筋麵粉 ···· 65g
     杏仁粉 ···· 35g
     融化奶油 ···· 40g
○ 將全蛋加熱到人體肌膚的溫度。
○ 混合A的粉類，過篩。

Crème Mousseline
慕思林內奶油

  [帕堤西耶奶油 (Crème Pâtissiere) 300g]
  牛奶 ···· 200g
  香草莢 ···· 1/4支
  蛋黃 ···· 2個
  細砂糖 ···· 50g
  高筋麵粉 ···· 20g
  無鹽奶油 ···· 20g
  [黃奶油 (Crème au beurre) 300g]
  細砂糖 ···· 125g
  水 ···· 40g
  蛋黃 ···· 4個
  無鹽奶油 ···· 450g
  櫻桃酒 (Kirsch) ···· 30~40g
○ 奶油回復成室溫，打發成膏狀。

Imbibage
塗抹蛋糕用糖漿

  30度糖漿 ···· 200g
  櫻桃酒 ···· 30g
  水 ···· 適量
○ 混合糖漿、櫻桃酒。若是味道太重了，
就加些水調節。

Garniture
配料

  草莓 ···· 3盒
○ 草莓去蒂。

Décor
裝飾

  瑪斯棒 ···· 200g
  食用色素 (紅) ···· 適量
○ 將瑪斯棒、食用色素混合均勻。

杏仁海綿蛋糕

1 混合全蛋、細砂糖，打發到質地濃密泛白
為止。最後，再輕輕地混合，讓泡沫變得
細緻。

2 加入A的粉類，用橡皮刮刀迅速混合。

3 將少量的2加到融化奶油裡，充分混合
後，再倒回剩餘的2裡，用橡皮刮刀混合。

4 倒入鋪上了紙的烤盤內，用抹刀整平成約
1.5~2cm的厚度。然後，將整個烤盤放在
台上輕敲，讓空氣跑出來，消除空隙。

5 用160℃烤約15分鐘。然後，放在網架上
冷卻。

慕思林內奶油

1 先製作帕堤西耶奶油。將香草莢放進牛奶
內，加熱沸騰。

2 混合蛋黃、細砂糖，打發到質地濃密泛白
為止。

3 加入高筋麵粉，迅速混合。將少量的1加
入，充分混合到沒有結塊了，再將剩餘的
1倒入混合。

4 過濾後，倒回鍋內，再度加熱。邊攪拌，
邊加熱到開始變得濃稠時，就從爐火移
開，用力充分攪拌。然後，再度加熱到沸
騰。再次從爐火移開，加入奶油混合。

5 倒入托盤內，用保鮮膜密封好，隔冰水，
迅速冷卻至約30℃。

6

製作黃奶油。將細砂糖、水加熱到120℃。然後，邊倒入已攪開的蛋黃汁裡，邊打發，直到蛋黃冷卻，舀起後，流下的部分會呈現蝴蝶結般的痕跡為止。

7

加入已打發成膏狀的奶油裡。

8

先用木杓攪拌帕堤西耶奶油，注意不要結塊了。然後，加入櫻桃酒混合，小心不要結塊了。最後，再加入7，充分攪拌混合。

組裝

1

從海綿蛋糕切出2塊邊長18cm的正方形。

2

將其中1塊鋪在18cm方形中空模的底部，用毛刷將糖漿塗抹在表面，讓蛋糕吸收進去。

3

將慕思林內奶油裝入擠花袋內，擠出薄薄一層在蛋糕表面上，用抹刀整平，當作草莓的黏著劑。

4

將草莓去蒂後的那面朝下，由周邊往中央，按順序緊貼排列好。然後，再將奶油擠入，到和草莓同樣的高度為止。

5

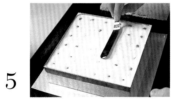

用抹刀整平，到幾乎看不到草莓為止。

6

將另一片海綿蛋糕疊放上去，表面塗抹上糖漿。然後，塗上薄薄一層的慕思林內奶油。

7

用糖粉 (未列入材料表) 來代替手粉，撒在工作台上，用擀麵棒將已染色的瑪斯棒擀開成1mm的厚度。再用溝紋擀麵棒，從不同的2個方向滾出格狀的紋路來。

8

將瑪斯棒薄片放到6上面，輕壓固定。

9

用刀子將周圍多餘的瑪斯棒切除。

10

用瓦斯噴槍加熱外圍，脫模後，用波紋刀將四邊切整齊，讓所有斷面都剛好可以看得到草莓。

11

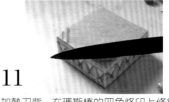

加熱刀背，在瑪斯棒的四角烙印上條紋。最後，用草莓作裝飾。

Mille-Feuille aux Fraises

草莓千層糕

若主要想吃的是草莓，作成這種簡易的點心，最恰當不過了。

這是道入口後，就會碎裂開來的薄脆片 (Feuillantine)，疊上混合了蛋白霜的鮮奶油，與草莓，
所組合而成的盤裝點心。

淋上2種醬後，更增添了些許華麗的感覺。

Feuillantine
薄脆片

低筋麵粉 ···· 35g
細砂糖 ···· 35g
蛋白 ···· 45g
融化奶油 ···· 30g
蘭姆酒 ···· 10g
水 ···· 200g

Sauce Anglaise
英式醬

牛奶 ···· 200g
香草莢 ···· 1/4支
蛋黃 ···· 2個
細砂糖 ···· 50g
○ 混合蛋黃、細砂糖。

Sauce Chocolat
巧克力醬

牛奶巧克力 ···· 50g
細砂糖 ···· 110g
水 ···· 150g
巧克力粉 ···· 10g
水 ···· 15g
○ 混合可可粉、水。

Fraises Semi-Confites
草莓半果醬

草莓 ···· 13~14個
細砂糖 ···· 60g
檸檬汁 ···· 2小匙
水 ···· 適量

Coulis Fraise
草莓果泥醬

草莓果泥 (purée) ···· 100g
草莓半果醬的湯汁 ···· 適量
檸檬汁 ···· 1大匙
覆盆子利口酒 (Creme de Framboise)
　　 ···· 2大匙

Garniture
配料

鮮奶油 ···· 適量
草莓 ···· 適量
乾燥蛋白霜 (Meringue Séchée)
　* ···· 適量
覆盆子 ···· 適量
薄荷葉 ···· 適量
○ 稍加打發鮮奶油。

*乾燥蛋白霜 (Meringue Séchée)，是將蛋白霜攤在烤盤上，約成1cm的厚度，用烤箱加熱，乾燥而成。用的時候要先打碎。

薄脆片

1
混合低筋麵粉、細砂糖，篩入攪拌盆內，用攪拌器從中央開始，慢慢與蛋白混合，注意不要結塊了。然後，加入融化奶油，以相同的方式混合。

2
依序加入蘭姆酒、水混合，然後，靜置約30分鐘。

3
將靜置時分離出來的油脂等，輕輕攪拌，混合均勻後，倒入鐵弗龍加工過的烤盤內。再用長柄杓的背面整平成薄薄地一層。

4
用烤箱以200℃，烤約12~15分鐘。烤好後，立即從烤盤撕開來，移到其它的烤盤等器具上冷卻。如需切開，則必須趁熱時進行。

英式醬

1
用小火加熱牛奶、香草莢。沸騰後，將1/3的量加到蛋黃、細砂糖裡。混合到完全沒有結塊後，倒回剩餘的牛奶裡，邊用小火加熱，邊用木杓攪拌。

1
等到熟透，開始變稠了，就從爐火移開，用濾網過濾，冷卻。

巧克力醬

1
用中火加熱牛奶巧克力、細砂糖、水，到沸騰。關火後，加入可可粉、水，混合均勻後，再次加熱到沸騰。然後，用濾網過濾，冷卻。

草莓半果醬

1
草莓去蒂，切成4等份，放入鍋內，加入細砂糖、檸檬汁，及剛好可以淹沒所有材料高度的水，用中火加熱。

2
撈掉浮沫，調成小火，加熱到草莓顆粒還算完整的程度後 (參照左圖)，再移到托盤上，放置冷卻。然後，與配料用的1/2量的鮮奶油混合。

草莓果泥醬

1
將草莓半果醬的湯汁、檸檬汁、覆盆子利口酒，加入草莓果泥裡混合。

外層

1
將切成5mm塊狀的草莓、乾燥蛋白霜，加入剩餘1/2的量的鮮奶油裡，迅速混合。>>先在盤中倒入適量的英式醬、巧克力醬、草莓果泥醬。再依序疊上薄脆片、混合了草莓半果醬的奶油、薄脆片、1 (外層的步驟1)。然後，在最上面擺上草莓、覆盆子、薄荷葉作裝飾。最後，將切塊的草莓散放在淋醬上。

Myrtilles / Cassis

藍莓／黑醋栗

英: Blueberry / Black Currant
日: フルーベリー/クロフサスグリ

>>Groseille
／紅醋栗

直徑2～3cm，鮮紅色的莓類，與黑醋栗為近親，同樣都帶著強烈的酸味，在製作法式糕點 (Patisserie) 中常會用到的「紅果 (fruits rouges)」時，與覆盆子、草莓一樣，都是不可或缺的重要素材。

>>Produit Congelé
／冷凍品

左圖為紅醋栗 (Groseille)，下圖為藍莓 (Myrtilles) 的冷凍品。洗淨過，被分解成一粒粒的顆粒之後，即使是自然解凍，也會因為已脫水的關係，而喪失了原有的風味。不過，若是要用來加熱使用，由於很快就可以煮熟，所以，可以算是使用起來很方便的素材。

這裡所介紹的兩種顆粒較小的莓類，在所有被稱之為「莓果」的水果當中，給人的印象是屬於味道比較酸的種類。它們的色彩鮮豔，味道突出，是很吸引人的素材。藍莓就算只是當作水果來吃，也是很美味。黑醋栗味道很酸，更適合做成果泥、果醬，或利口酒等，以充分發揮它的味道。

○ 歷史 · 產地

藍莓原產於北美，及北歐等地區。雖然，各地都可見到自生種，種類卻不多。現在，由於位於南半球的澳洲等國家也開始栽種，市面上已可見數十種栽培種了。

黑醋栗的自生種，在北半球高緯度地帶各地都可見。在歐洲地區，從15世紀就開始栽培，到了18世紀，經由殖民者，栽種技術才被傳遞到美國。

○ 分類 · 形狀

藍莓的栽培種，為杜鵑科低木，可結成豌豆大的果實。果實依種類的不同，有紅色，帶紫藍色等各種不同的顏色。不過，以藍色為最主要的顏色。市面上流通的種類大都為栽培種，然而，在法國，市面上可見的還有法文稱之為myrtilles des bois等的數種野生種。

黑醋栗是種生長在低木上，直徑2～3cm的黑色果實，像葡萄般直接連接在枝幹上。果皮薄而呈半透明，裡面有小小的種籽。

○ 味道的特徵

藍莓的果肉質地柔軟而細緻，可以連皮一起食用。整顆果實的味道都很酸。某些交配種的果實比較大，多汁而較甜。

黑醋栗的果肉較多汁，味道也較酸，但是卻帶點甜味。在法國的黑醋栗利口酒 (crème de cassis) 的名產地勃根地 (Bourgogne) 所生產的小顆粒品種noir de Bourgogne，是公認味道特別香，風味最佳的品種。

○ 產季與挑選

藍莓依品種不同，產季介於6月至秋季間。不過，由於南半球的季節與北半球剛好顛倒，所以，事實上，一年四季都可以買得到。市面上流通的，大多為美國或澳洲產。選購時，請挑選深藍色，果實質地結實，沒有發霉者。雖然它的表面會像沾上了白粉，這樣就表示它很新鮮。黑醋栗在日本，幾乎不用來生食，所以，通常市面上販賣的都是冷凍品，或作成果泥狀態的加工品。

○ 保存法

藍莓是非常脆弱而容易損傷的水果，所以，最好儘量不要去碰觸它，不要清洗，直接放進冰箱冷藏，約可保存2～3日。另外，為了防止發霉，要將其中已損傷的果實取出丟棄。如果是要用來加熱煮食者，亦可用冷凍的方式來保存。冷凍前，請先洗乾淨，擦乾，再放進冰箱冷凍。

○ 運用技巧

由於藍莓的味道很柔和，無論是直接當作水果食用，或是用來製作派、蛋糕、塔等，都非常適合。不過，如果是味道較重的蛋糕，反而會掩蓋了藍莓這種素材的味道，所以，其實比較適合用來作成味道較樸實單純的塔等甜點。

黑醋栗，如果使用的是加熱處理過的加工品，或用果泥作成果凍 (gelée)、巴伐利亞奶凍 (bavarois)，或冰品等，就可以直接享受它的原味了。此時，可與其它的水果作搭配，或加入糖分來調和酸味，以增進它的美味。

Pâte de Fruits Cassis

黑醋栗軟糖

濃縮了水果風味的糖果 (confiserie)、
軟糖 (Pâte de Fruits)，與巧克力並列為法式糕點 (Patisserie) 中
不可或缺的一道重要甜點。
黑醋栗的強烈酸味，加上洋梨柔和的甜味，
就可以調和成溫和的味道。
這樣的調味方式，也是製作法式甜點時的一大技巧哦！

18cm × 18cm × 高5cm 的方形中空模
1個的份量

黑醋栗果泥 ···· 200g
洋梨果泥 ···· 150g
果膠 (英 pectin，慢速型) ···· 8g
細砂糖 ···· 38g
細砂糖 ···· 375g
葡萄糖 ···· 75g
酒石酸或檸檬酸 ···· 8g
白粗糖 ···· 適量
○ 先混合果膠、細砂糖38g備用。

1

用銅鍋加熱黑醋栗、洋梨果泥。溫度到達40~45℃時，將果膠與細砂糖一點點地加入混合。然後，加入葡萄糖，不停地攪拌，繼續加熱至沸騰。

2

將細砂糖分成3次加入。>>每次加入都要讓它完全溶解，不要結塊。此外，要常常用木杓來刮鍋子的內側，以免糖焦掉了附著在上面。

3

當溫度到達107℃時，就從爐火移開。

4

加入酒石酸後，倒入18cm方形中空模裡。挪動方形中空模，讓倒入的液體能夠積成一定程度的厚度。放置在室溫下約12個小時，就會凝固了。>>加入酒石酸後，液體就會開始凝固，所以，一定要立刻倒入方形中空模裡。

5

用白粗糖來當作手粉，邊撒，邊切開來。

6

最後，在所有切開來的糖塊上全撒上白粗糖。

Tarte Myrtilles

藍莓塔

藍莓的特性，就在於它的酸味與甜味都很穩定，風味溫和。
濃縮了絕佳風味的糖煮藍莓，與新鮮的藍莓，一起搭配組合，
酥脆餅（Streuzel），與慕思林內奶油（Crème Mousseline），則更增添了豐富的口感。
牛奶醬的甘甜，讓整體的味道更加濃郁芳香。

6cm × 4cm 的塔模6個的份量

Streuzel
酥脆餅

A: 杏仁粉 ···· 100g
低筋麵粉 ···· 100g
紅糖 (cassonade) ···· 100g
無鹽奶油 ···· 100g
鹽花 (Fleur De Sel) ···· 適量
黑胡椒 ···· 適量
○ 混合A的粉類，過篩。
○ 奶油放進冰箱冷藏。

Myrtilles Pochées
糖煮藍莓

藍莓 ···· 適量
30度糖漿 ···· 適量

Crème Mousseline
慕思林內奶油

帕堤西耶奶油 (Crème Pâtissiere)
···· 300g
黃奶油 (Crème au beurre) ···· 150g
○ 參照p.24，製作2種奶油，再混合兩者，
作成慕思林內奶油 (Crème Mousseline)。

Confiture de Lait
牛奶醬

鮮奶油 ···· 150g
牛奶 ···· 50g
細砂糖 ···· 200g

Décor
裝飾

藍莓 ···· 適量
鮮奶油 ···· 300g
醋栗 (groseille) 果凍醬 ···· 適量
開心果 ···· 適量
○ 打發鮮奶油，放進冰箱冷藏。

酥脆餅

1 先將A的粉類、紅糖放進攪拌盆裡，再將奶油放進去，弄碎。

2 用手掌像磨擦般地混合粉類與奶油。為了讓口感更加豐富，不用混合成一樣的大小。

3 混合到像照片中一樣的狀態後，就可以放進冰箱冷藏了。

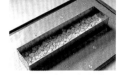
4 裝入6cm × 33cm的方形中空模內，約1cm的厚度。從上面撒下鹽花、黑胡椒，用160℃烤約25分鐘。

5 烤好後，趁稍微冷卻但還沒變硬時，切成4cm的長方塊，再放置冷卻。

水煮藍莓

1 將藍莓擺進托盤內，再緩緩倒入糖漿。

2 用熱風循環烤箱，以100℃，加熱約30~40分鐘。

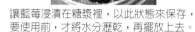
3 讓藍莓浸漬在糖漿裡，以此狀態來保存，要使用前，才將水分瀝乾，再擺放上去。

牛奶醬

1 將所有的材料放進鍋內，用中火熬煮至103~105℃。其間，要不斷地來回攪拌。

2 達到所定的溫度後，就從爐火移開，倒入攪拌盆內，用保鮮膜密封保存。

組裝

1 將慕思林內奶油擠到酥脆餅上。

2 將糖煮藍莓、新鮮藍莓適度地擺放上去。

3 混合打發過的鮮奶油、牛奶醬。

4 用湯匙舀成餃子狀，擺在上面。再將醋栗果凍醬裝入紙質的擠花袋內，由上往下淋成線狀。最後，撒上開心果。

Pêche

桃子

英: Peach
日: モモ

桃子的特徵，就是多汁，果肉柔軟而味道香甜，自古以來，就是極受重視的水果。雖然，桃子有時會被用在料理上，然而，用來製作甜點，更能充分發揮它迷人的魅力。就這樣當水果生吃，是最普遍的吃法，而作成糖煮桃子等，也是道很常見的甜點。它那多汁芳香的風味，很適合用來製作各式各樣的甜點。

○歷史‧產地
桃子是種原產於中國的植物，中國人在史前就已開始栽種桃子了。紀元前後，被傳入西洋，由於最初是在祕魯被發現，被稱之為「persica」，這就是桃子西洋名的來源。16世紀起，開始盛行栽培。由於路易14世非常喜歡桃子，法國在這個時代，因而研發出許多交配種來。

○分類‧形狀
桃樹為薔薇科植物，高度可達8m，位於果實中央的，是它的大種籽。果皮很薄，表面上有綿密的細毛，一般為黃色，但是，也有的品種是從成熟前即呈現鮮紅色了。若依果肉來分，則可分為白桃、黃桃、紅色果肉的pêche de vigne三種。

○味道的特徵
果肉中，含有濃密的纖維，質地綿密，吃起來很順口。柔嫩多汁，帶著獨特的香甜氣息。由於果皮表面不平滑，所以，使用時請去皮。

○產季與挑選
大多數的品種，產於6月至9月間，約為初夏至夏末這段期間。在法國，栽培地集中在西南，或東南地區。一般在歐美國家的市面上流通販賣的，黃桃約佔7成。然而，由於白桃較多汁，而紅色果肉的香氣濃郁，一般給予的評價更高。選購時，請挑選未損傷，質地較硬，芳香濃郁者。此外，請注意有的品種果皮雖會呈現紅色，但這並不代表就是桃子的熟度。

○保存法
由於桃子是很容易損傷的水果，購買時，只需購入所需的量，且應及早食用。特別是白桃，即使是稍微碰撞到而已，果肉就會立刻變成茶色，所以，盛裝擺放時，切勿用疊。此外，由於桃子經過冷藏，會很容易走味，所以，請在使用前，才放進冰箱冷藏。

○運用技巧
由於桃子的果肉多汁，風味絕佳，很適合用來製作塔、冰淇淋、冰沙 (sorbet) 等，能夠保留並將它特殊的原味發揮到極至的甜點。用桃子製作成的甜點當中，最有名的一道，就是1892年奧古斯特艾斯克菲爾 (Auguste Escoffier) 所創作的「peach melba」，就是先用糖漿熬煮桃子，再添上香草冰淇淋，與覆盆子果泥而成的甜點。桃子可作成糖煮，果泥，或以冷凍來保存。加入檸檬汁，則可以防止桃子的果肉變成褐色。

Pêche Légère

桃子奶油起司蛋糕

這道甜點，能夠充分發揮桃子果肉香甜多汁的特性，及柔和的風味。
它是由慕斯與清淡爽口的其它素材擺放在比斯吉上所組合而成，加上奶油起司作成的巴伐利亞奶凍（bavarois），
散發出香濃的甜味，讓整道甜點的味道更加地豐富引人。

Pêche Légère
桃子奶油起司蛋糕

直徑**18**cm × 高**4.5**cm 的圓形中空模
1個的份量

Pêches Blanches Pochées
糖煮白桃

白桃 ···· 適量
30度糖漿 ···· 適量
水 ···· 適量
紅石榴糖漿 (grenadine syrup)
···· 適量

Biscuit Joconde
喬康地比斯吉

A：糖粉 ···· 100g
　杏仁粉 ···· 100g
　低筋麵粉 ···· 30g
　全蛋 ···· 3個
　融化奶油 ···· 20g
B：蛋白 ···· 120g
　細砂糖 ···· 40g
○ 混合A的粉類，過篩。
○ 打發B，製作蛋白霜。

Bavarois Fromage
起司巴伐利亞

牛奶 ···· 30g ·
鮮奶油 ···· 20g
細砂糖 ···· 20g
蛋黃 ···· 2個
吉力丁片 ···· 3g
檸檬汁 ···· 4g
奶油起司 ···· 100g
鮮奶油 ···· 30g
○ 吉力丁片用水泡脹。
○ 奶油起司恢復成室溫，讓它變得柔軟。

Mousse aux Pêches
桃子慕斯

吉力丁片 ···· 6g
檸檬汁 ···· 10g
白桃果泥 ···· 200g
細砂糖 ···· 40g
桃子甜酒 (crème de pêche) ···· 適量
鮮奶油 ···· 150g
○ 吉力丁片先用水泡脹，再隔水加熱融化。

Décor
裝飾

糖煮白桃 ···· 適量
藍莓 ···· 適量
無色鏡面果膠 ···· 適量
緞帶 ···· 適宜

糖煮白桃

1 白桃用沸水燙過，剝皮。先將白桃放進冰箱冷凍庫冷藏約10分鐘，再放進沸騰的熱水中浸泡，稍微加溫。＞＞最初，放進冷凍庫，是為了讓果肉變得較硬實，不易散掉。浸泡在熱水中的時間不宜太長。

2 放進冰水中浸泡。

3 將桃子尾端朝上，用大拇指用力從兩側將皮搓開，一口氣把皮剝掉。＞＞用手指來剝，比用刀子來剝，表面會更光滑漂亮。

4 用小刀將桃子切成兩半，先切除種籽周圍的纖維，再將種籽整個取出。

5 加熱糖漿、水、紅石榴糖漿，直到沸騰。將白桃放進去後，立即從爐火移開，用剩餘的熱度浸漬入味。然後，放進冰箱保存。

喬康地比斯吉蛋糕

1 混合A的粉類、全蛋，用攪拌器打發到顏色稍微泛白為止。

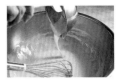

2 先用少量的1與融化奶油充分混合後，再倒回剩餘的1裡混合。

3 先將少量B的蛋白霜加入2裡，用攪拌器充分混合。再將剩餘的蛋白霜加入，用橡皮刮刀迅速混合。

4 將3倒入鋪了矽利康布的烤盤裡，用大的抹刀將表面整平，周圍多出的部分切除，用烤箱以190℃烤約10~15分鐘。

起司巴伐利亞

1 先製作英式奶油。加熱牛奶、20g的鮮奶油、1/3量的細砂糖，到沸騰。

2 用攪拌器混合蛋黃、剩餘的細砂糖。等到1沸騰後，就邊將1倒入，邊攪拌。

3 倒回鍋內，再度加熱，到開始變得濃稠為止。然後，從爐火移開，加入吉力丁、檸檬汁，過濾。

4

將3一點點地加入奶油起司裡混合，注意不要結塊了。

5

充分打發30g的鮮奶油，再加入4裡。

6

先用保鮮膜將直徑16cm的圓形中空模底部封起來，再將5倒入，放進冷凍庫，冷藏凝固。

桃子慕斯

1

將檸檬汁加入融化的吉力丁裡混合，備用。再加入少量的白桃果泥混合。

2

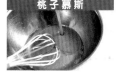

先將細砂糖加入混合。將剩餘的果泥加入混合，再用冰水冷卻到稍微變稠為止。加入桃子甜酒。＞＞混合時，若是讓它的硬度變得與鮮奶油一樣，那麼在與鮮奶油混合時，就可以作出滑順的口感來了。

3

將鮮奶油底部邊用冰水隔水冷卻，邊打發到8分的程度。

4

先將少量的3加入2裡，充分混合，再將剩餘的2加入，輕柔地混合，注意不要讓鮮奶油的氣泡消失了。＞＞製作慕斯的最後步驟 (即步驟3以後的步驟)，為了避免泡沫消失，請在開始作最後組裝前才進行。

組裝

1

配合圓形中空模的高度 (在此為4.5cm)，將喬康地比斯吉蛋糕切成帶狀。

2

切除末端後，貼在直徑18cm圓形中空模的內側裡。＞＞由於蛋糕與蛋糕間容易產生縫隙，所以，貼上去時要貼緊一點。

3

再用直徑16cm的圓形中空模在剩餘的喬康地比斯吉蛋糕上，切出2塊蛋糕來。將加了藍莓的糖漿塗抹在蛋糕的兩面上，滲透潤澤後，把其中的一塊鋪在2的圓形中空模的底部。

4

倒入白桃慕斯，讓它在表面上形成薄薄的一層，再用抹刀整平。

5

將冷藏凝固的巴伐利亞奶凍放上去，再塗抹上薄薄一層的慕斯，當作黏著劑。

6

將另外一塊圓形的喬康地比斯吉蛋糕擺上去，倒入慕斯，到約為模型高度以下1cm的高度為止。然後，放進冰箱冷藏。為了讓白桃擺上去時不會脫落，所以，要讓周邊圍起來的蛋糕高度稍微高於中間的部分。

7

先將糖煮過的白桃切成月牙形，再對半切成三角形的塊狀。

8

在已凝固的蛋糕週邊圍上緞帶，上面擺滿白桃。將藍莓散放在上面。最後，塗抹上無色鏡面果膠，讓表面看起來散發出光澤。

Cerise

櫻桃

英: Cherry
日: サクランボ

>>Griotte
／酸果櫻桃

酸果櫻桃為酸櫻桃的一種，在法國，簡直就是酸櫻桃的另一個代名詞。若是直接就這樣食用，味道就會太酸，但是，如果用糖漿，或酒類來熬煮，或浸漬過，就可以增添它的美味與香氣，讓原有的酸味更突出而具有個性。

櫻桃垂吊在細長的莖部末端，從深紅到亮紅，有各種不同的顏色，小巧的外形，更是惹人憐愛。它具有酸甜的風味與引人的香氣，非常適合用來製作法式糕點 (Patisserie)。除了新鮮的櫻桃之外，糖煮櫻桃等，也常被用來製作成各式各樣的甜點。

○歷史 · 產地

櫻樹原本就是自史前開始就在世界各地自生的植物，據說在羅馬時代，即已開始展開栽培了。種類多達數百種，現在在世界各地，都很受到歡迎。

○分類 · 形狀

櫻桃是生長在薔薇科的櫻樹上，直徑4~5cm大小的果實，垂吊在從樹皮長出的細莖尾端上。雖然果實不大，由於中央的種籽很小，所以，果肉就顯得很多。在薄薄的果皮下，就是它質地細緻的黃色果肉。櫻桃的種類，大致上可分為甜櫻桃、味道較酸的酸櫻桃，及味道較澀的野生櫻桃。

○味道的特徵

櫻桃的特徵，就是果肉具有彈性，柔軟又多汁。甜櫻桃，雖依品種不同，有的較甜而有的較酸，但基本上，味道都是酸甜的。酸櫻桃，雖然味道較酸，香氣也較濃，然而，很適合用來加工，糖煮，或製成利口酒等。

○產季與挑選

大多數的品種，產於5月~7月，即初夏這段期間，是種非常循季節且產季很短的水果。由於摘取時，還未成熟，所以，購買時，請挑選成熟，果肉堅實者。如果莖部已乾燥，就表示可能已經距離採收有段長時間了。此外，請避免挑選果皮已皺者。

○保存法

若是放置在室溫下，很快就會壞掉。果實還堅硬時，若放進冰箱冷藏，則可保存2~3日。若是要用來加熱調理，可以直接，或去籽後，放進冰箱冷凍。酸櫻桃，則常被用來糖煮，或加工製成蒸餾酒 (eau de vie) 等。

○運用技巧

雖然生食就很好吃，也很常被用來糖漬，或糖煮，從料理到甜點，用途非常地廣泛。Limousin地方著名的傳統甜點「clafoutis limousin」，就是將櫻桃裝入模型中，再用麵糊覆蓋在上面來加熱，以避免櫻桃的香味跑掉。另外，香氣濃郁的糖煮酸果櫻桃，也很適合用來製作濕潤而組合豐富的甜點。例如發祥於阿爾薩斯區 (Alsace)，用巧克力蛋糕與鮮奶油將酸果櫻桃夾起來而成的「forêt noire」蛋糕，現今已是歐洲各地普遍可見的甜點了。

Tarte Griottes aux Amandes et Streuzel à la Menthe Fraîche

酸果櫻桃杏仁薄荷塔

製作起來非常簡單的塔，將酸果櫻桃的濃郁香氣包裹起來，咬開後，就立即在口中散發開來。
若是將酸果櫻桃糖漿加到杏仁奶油（Crème d'Amandes）裡，雙重的香氣，就更加突出了。
酥脆餅（Streuzel）香脆的口感，及薄荷清新的味道，讓酸果櫻桃的香氣更容易散發出來。

Tarte Griottes aux Amandes
et Streuzel à la Menthe Fraîche

酸果櫻桃杏仁薄荷塔

直徑15cm × 高3cm 的圓形中空模
1個的份量

Pâte Sablée
酥餅

    低筋麵粉 ···· 118g
    糖粉 ···· 45g
    杏仁粉 ···· 18g
    鹽 ···· 1撮
    無鹽奶油 ···· 60g
    全蛋 ···· 25g

○ 參照p.51的步驟，製作酥餅，再放進
冰箱冷藏。

Crème d'Amandes
杏仁奶油

    羅瑪斯棒 (杏仁含量較高的marzipan)
        ···· 63g
    全蛋 ···· 32g
    細砂糖 ···· 32g
    無鹽奶油 ···· 32g
    低筋麵粉 ···· 25g
    酸果櫻桃的浸漬汁 ···· 12g

○ 加溫羅瑪斯棒，讓它軟化。
○ 低筋麵粉過篩。

Garniture
配料

    酸果櫻桃 ···· 125g

Streuzel à la Menthe Fraîche
薄荷酥脆粒

    低筋麵粉 ···· 50g
    杏仁粉 ···· 50g
    薄荷葉 ···· 1/2包
    紅糖 (cassonade) ···· 50g
    無鹽奶油 ···· 50g

○ 將薄荷葉切碎。

Décor
裝飾

    杏仁 (帶皮整顆粒) ···· 50g
    鹽花 (Fleur De Sel) ···· 適量
    酸果櫻桃 ···· 適量
    杏桃鏡面果膠 ···· 125g
    酸果櫻桃的浸漬汁 ···· 適量
    薄荷葉 ···· 適量

○ 將杏仁切碎。
○ 將酸果櫻桃的浸漬汁加到杏桃鏡面果膠
裡，加熱融化。

酥餅

1
用擀麵棒敲打，擀開麵糰，等到質地變
得柔軟後，就開始接下來的作業。不斷地
將麵皮轉向90度，讓麵皮能夠展開成
2~3mm均等的厚度。

2
在圓形中空模的內側塗抹上少量的奶油
(未列入材料表)，再將多餘的奶油擦掉。
然後，放置在麵皮的中央，外側約留5cm
寬，讓整個麵皮呈圓形。

3
將1的麵皮套入圓形中空模的內側裡。為
了讓底部的麵皮可以成為漂亮的直角，請
先將麵皮壓突出於中空模底部，再用工作
台來押平。超出中空模高度的部分，
用擀麵棒切除。

4
邊用大拇指與食指將側面的麵皮整理成均
等的厚度，邊讓麵皮緊貼在模上。

5
最後，用抹刀將突出中空模外的麵皮切
除。放到烤盤上，底部打洞。然後，放進
冰箱冷藏。

杏仁奶油

1
先將羅瑪斯棒放進攪拌盆裡，再用橡皮刮
刀一點點地與全蛋混合。

2
等到蛋完全混合後，就改用攪拌器，將細
砂糖、奶油，以1/2~1/3的量逐次加入，
以轉圈的方式，攪拌混合。

3
加入低筋麵粉，用橡皮刮刀，由內側往
外，像要翻攪般地迅速混合。

4
加入酸果櫻桃的浸漬汁。

薄荷酥脆粒

1
將低筋麵粉與杏仁粉篩入攪拌盆內，再加
入切碎的薄荷葉、紅糖。

2

敲打奶油，等到變軟後，再擀薄。放到1的攪拌盆內，與製作酥餅 (Pâte Sablée) 時的技巧相同，用手掌摩擦般地混合粉類與奶油。

3

等到整個開始變成黃色，濕潤，這部分的作業就算完成了。此時的奶油顆粒，會比酥餅的大些。

4

放進篩子裡輕轉，整理顆粒的形狀。然後，散放在烤盤上，注意不要沾黏在上，放進冷凍庫，冷藏備用。>>由於奶油與砂糖如果融化了，就會失去酥鬆感，所以，請在加熱前才開始製作酥脆粒 (Streuzel)。

組裝

1

將放入冰箱冷藏的塔麵皮取出，在上面擠出1cm厚的杏仁奶油。

2

將作配料用的酸果櫻桃緊密地排列在上面。

3

再將奶油擠在上面，約略到看不到酸果櫻桃的程度。>>由於加熱後奶油會膨脹，所以，請不要在塔的表面上擠滿奶油。

4

由上往下，將酥脆粒 (Streuzel) 撒在表面上。再撒上切碎的杏仁、鹽花 (Fleur De Sel)，放進烤箱內。

5

最初，用170℃烤，過了20分鐘後，將溫度調降到150℃，繼續加熱約40分鐘。

6

烤好後，用酸果櫻桃作裝飾，再用毛刷將混合了酸果櫻桃浸漬汁的鏡面果膠，塗抹在表面上，讓它顯現出光澤來。最後，再用薄荷葉作裝飾。

>>用攪拌盆來製作酥餅 (Pâte Sablée)

即使沒有寬大的工作台可用，也可以製作酥餅。

39

1

將所有的粉類篩入攪拌盆內。

2

在奶油還冰冷的時候，用擀麵棒敲開成板狀來，撕開後，放進1裡。

3

用手像抓東西般地混合粉類與奶油，注意不要揉撮。

4

加入全蛋，用橡皮刮刀混合。等到液體被完全吸收後，就改用手來混合。混合時要迅速，以免開始產生小麥筋蛋白 (gluten)。

>>Les Autres Produits
其它重要素材

羅瑪斯棒 (左圖)

法文稱之為「pâte d'amande crue」，德文稱之為「Marzipan Rohmasse」，是混合去皮的杏仁與砂糖，加工成糊狀後，再用蒸氣等方式加熱，所製成的甜點材料。原則上，杏仁與砂糖的比例為2:1，但是也有些商品依照不同的用途，而改製成不同的比例。除了常被用來製作糖果 (confiserie) 之外，也是製作德國著名的史多倫甜糕 (stollen) 時，不可或缺的重要素材。

鹽花 (右圖)

布列塔尼 (Bretagne) 名產，在鹽田表面結晶，採收所得的鹽。它的特徵，就是含有甘甜，甜味等複雜的味道，外形像水晶般，吃起來鬆脆的口感。在這道甜點中，最後也加了鹽花，讓它隱約帶點鹹味。此外，由於它具有加熱後也不會融化的特性，很適合用來作出鬆脆的口感，是製作甜點時可善加運用的一大秘訣。鹽花不常被用來製作甜點，在製作基本料理時，也很少被用來調成鹹味用，主要多被用來作最後的修飾加味時用。

Mille-Feuille aux Cerises

櫻桃千層糕

櫻桃是種淡淡的香味稍縱即逝，卻因此更加吸引人的水果。
與質地鬆散細緻的千層酥（feuilletage）搭配組合，更能保留櫻桃原有的香氣。

33cm × 8cm × 高5cm的方形中空模
1個的份量

Feuilletage Inversé
反式千層麵糰

[鹹麵糰 (Détrempe)]
- 中筋麵粉 ···· 350g
- 鹽 ···· 10g
- 白酒醋 ···· 5g
- 水 ···· 140g
- 融化奶油 ···· 120g

[夾層用奶油]
- 中筋麵粉 ···· 150g
- 無鹽奶油 ···· 380g

○ 參照p.48的步驟製作千層麵糰，放進冰箱內冷藏。

Crème Légère
雷傑爾奶油

- 蛋黃 ···· 2個
- 細砂糖 ···· 34g
- 低筋麵粉 ···· 20g
- 牛奶 ···· 150g
- 康圖酒 ···· 10g
- 鮮奶油 ···· 50g
- 吉力丁片 ···· 4g
- 鮮奶油 ···· 100g

○ 低筋粉過篩。
○ 加熱牛奶到沸騰。
○ 吉力丁片先用水泡脹，再隔熱水融化。
○ 輕輕打發100g鮮奶油，到舀起後，會留下痕跡的程度。

Crème aux Cerises Confites
櫻桃果醬奶油

[櫻桃果醬 ···· 60g]
＊基底材料的份量
- 酒漬酸果櫻桃 ···· 100g
  (櫻桃白蘭地浸漬)
- 細砂糖 ···· 50g
- 吉力丁片 ···· 2g
- 鮮奶油 ···· 100g
- 白巧克力 ···· 30g

○ 融化白巧克力。
○ 吉力丁片用水泡脹。

Garniture et Décor
配料與裝飾

- 美國櫻桃 ···· 400g
- 美國櫻桃 ···· 適量
- 水、細砂糖 ···· 各適量

○ 參照p.156的步驟，將400g美國櫻桃對半切開，去籽。
○ 加熱水、細砂糖，煮成糖漿狀。

反式千層麵糰

1

先輕敲千層麵糰，撒上手粉，拉展開來。靜置過後，打洞，放在烤盤上，切除多餘的部分。然後，放在網架上，用200℃，烤約15分鐘。

2

翻面，撒上糖粉 (未列入材料表)，再放回200℃的烤箱中，讓表面烤成焦糖色 (caraméliser)。＞＞這樣做，是為了在與奶油組合時，較不容易濕潤變軟。

雷傑爾奶油

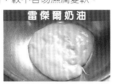

1

參照p.24製作慕思林內奶油 (Crème Mousseline) 的步驟1~4，製作帕堤西耶奶油 (Crème Pâtissière)。

2

冷卻後，用攪拌器輕輕混合，再加入康圖酒混合。

3

輕輕打發50g鮮奶油。將一半的量加入2裡混合 (a)。剩餘的一半量與已融化的吉力丁混合 (b)。

4

將 (a) 與 (b) 充分混合，最後，加入稍微打發過的100g鮮奶油，輕輕混合。＞＞這個步驟 (步驟4) 請在組裝前才進行，以免泡沫消失了。

櫻桃果醬奶油

1

混合酒漬酸果櫻桃、細砂糖，加熱到酒漬酸果櫻桃的水分蒸發，稍微煮爛，成為半果醬 (Semi-Confit) 的程度為止。

2

將半果醬切碎，加入已用水泡脹的吉力丁，讓它融化。

3

輕輕打發鮮奶油，與2混合到沒有結塊為止。然後，加入白巧克力。＞＞加入巧克力，可以讓味道變得更加地濃郁，還可以增進奶油凝固。

組裝

1

將方形中空模放在千層麵餅上，配合它的長寬，在上面輕壓作記號後，切成3塊。

2

將其中1塊放在方形中空模的底部，倒入櫻桃果醬奶油。然後，擺上第2塊，輕壓固定。

3

將部份雷傑爾奶油倒在2上面，然後，將對半切開的美國櫻桃的切面朝下，緊密地排列在上面。

4

再倒入剩餘的雷傑爾奶油，將表面整平。最後，將另1塊擺上去，放進冰箱冷藏凝固。

5

將美國櫻桃浸到糖漿裡，提起後，讓糖漿拉成細長的線狀，讓它凝固。脫模後，將浸過糖漿的美國櫻桃擺上去作裝飾。

Mirabelle

洋李

英: Mirabelle
日: ミラベル

>>Abricot
／杏桃

杏桃與李子一樣，同屬薔薇科的核果類。柔和的甜味與酸味，調和得恰到好處，既不太甜，又不太酸，風味溫和，不僅適合生吃，還適合加工成乾燥水果、糖煮水果、果醬、鏡面果膠等，作為製作糕點時的配角，有效突顯主要素材的特點，可以說是用途非常廣泛的一種水果。

>>Conserve au Sirop
／糖漬

洋李是酸味比較重的李子，所以，大都被加工成糖煮洋李或洋李果醬。即使是用來製作法式糕點(Patisserie)，用的也幾乎都是糖煮洋李。它與酸果櫻桃相同，加了甜味後，就更能突顯它的味道特性。

洋李是在法國的阿爾薩斯 (Alsace)，或洛林 (Lorraine) 所採摘的野李，與日本的李子、梅子算是同類的李屬植物。李子與櫻桃相同，為自生在世界各地，非常受到喜愛的水果，雖然在不同的地區，有各種不同的種類，其中，頗受歡迎的品種，就是洋李。

○歷史 · 產地

李子是種自史前時代起就已生長在很多區域的水果。在歐洲，則是約12世紀時，經由十字軍傳入的。雖然，初期的品種味道很酸，現在，由於配種技術發達，所以，已經有甜而多汁、酸味較重、汁液較少等各式各樣不同的品種了。據估計，大約有超過1000的品種。

○分類 · 形狀

李子為薔薇科植物所結成的核果，依品種不同，大小約為直徑4cm～10cm。果皮的內側裡，為果肉，及位於中心的種籽。洋李黃色的皮下，為淡黃色的果肉。然而，日本的梅子，在未成熟之前，則是綠色的外皮，及白色的果肉，成熟後，有的品種的果肉甚至會變成紅色等顏色。

○味道的特徵

李子的香氣濃郁，果肉彈性佳而結實，味甜。洋李雖然沒有那麼多汁，然而，常被用來製作法式糕點 (Patisserie) 的糖煮洋李，因果皮內含有大量的糖漿，味道就非常地甜美。

○產季與挑選

洋李的產季在8月至9月間。選購李子類時，請挑選整體摸起來很有彈性者。如果果皮上看起來像有白粉附著在上面，就表示沒被人用手碰觸過。此外，洛林產的洋李蒸餾酒，無論是素材或製法，都受到嚴格的管理與保護，以授與特產物的AOC (原產地認證管理Appelation d'Origine Controlée) 為品質認證控管的證明。

○保存法

正值產季期間，雖然也常會使用新鮮的洋李，或用來生食，或用新鮮的洋李來製作塔，然而，使用機率最高的，還是糖煮洋李。即使購買的是新鮮的洋李，加工糖煮過，就可保存得比較久一點。

○運用技巧

洋李的香味濃郁，甜度很高，但是，整體的味道卻很柔和。用來製作法式糕點時，如果加熱後再使用，就可以將它的風味濃縮起來，而不至走味。加熱後，既可作成果醬或果凍，還可以作成冰淇淋。大體來說，在製作糕點時，它的用法與櫻桃差不多。不過，它也很適合用來與味道清爽的冰淇淋或麵糰作搭配組合，讓它那纖細的風味特性更加地被突顯出來。

Tarte Chiboust Mirabelle

洋李吉布斯特塔

洋李綜合了既甜又酸的柔和口味，魅力十足，
用來與吉布斯特奶油搭配組合，就可以成為一道頗為正式的甜點了。
一方面使用不具甜味的油酥餅 (pâte brisée)，另一方面又在奶油裡加入蜂蜜，讓這道甜點的味道更豐富多樣。

Tarte Chiboust Mirabelle
洋李吉布斯特塔

**直徑18cm×高4.5cm 的圓形中空模
1個的份量**

Pâte Brisée
油酥餅

A: 中筋麵粉 ···· 200g
　　鹽 ···· 1撮
　　香草糖 ···· 1撮
　　無鹽奶油 ···· 150g
　　水 ···· 40g
○ 混合A的粉類，過篩。
○ 冷藏奶油、水。

Appareil
料糊

　　全蛋 ···· 1個
　　蛋黃 ···· 2個
　　細砂糖 ···· 50g
　　香草糖 ···· 1撮
　　牛奶 ···· 90g
　　鮮奶油 ···· 90g
○ 混合全蛋、蛋黃，一起攪開。

Crème Chiboust au Miel
蜂蜜吉布斯特奶油

　　細砂糖 ···· 30g
　　蛋黃 ···· 3個
　　低筋麵粉 ···· 15g
　　牛奶 ···· 125g
　　香草莢 ···· 1支
　　吉力丁片 ···· 6g
B: 蛋白 ···· 3個
　　細砂糖 ···· 40g
　　蜂蜜 ···· 60g
○ 吉力丁用水泡脹。
○ 剝開香草莢，將香草籽刮下來。
○ 打發B，製作蛋白霜。
○ 加熱蜂蜜，熬煮到117~118℃。

Garniture
配料

　　洋李 (罐頭) ···· 適量

油酥餅

1 先將已過篩的A的粉類攤開在工作台上，再將奶油放上去。先用刮板切碎，再用手掌摩擦混合到變成像砂狀。

2 作成環狀，將冷水倒入中央。用指尖從內側開始，一點點地混合。

3 等到水分被完全吸收後，就在台上用手掌像揉搓般地混合麵糰。然後，作成圓形，用保鮮膜包起來，放進冰箱冷藏。

4 用擀麵棒敲軟，撒上手粉，擀薄成約1.5mm的厚度。然後，將麵皮套入直徑18cm×高3cm 的塔模裡，貼緊。

5 用擀麵棒在模上輕輕滾動，將多餘的麵皮切除，然後，再次輕壓麵皮，讓它與模型貼緊，再放進冰箱冷藏15~20分鐘。

6 以重物上壓，用烤箱以180℃，烤到邊緣的顏色開始變成金黃色，就移開重物，將底部的麵皮烤到熟透為止。

料糊

1 混合攪開的蛋、細砂糖、香草糖。

2 加入牛奶、鮮奶油，充分混合後，用濾網過濾。

3 將用作配料的洋李緊密地排列在塔模裡已烤好的油酥餅上。

4 將料糊 (Appareil) 倒入，再次用烤箱以180℃，烤到表面變成金黃色為止。然後，脫模，放涼。

蜂蜜吉布斯特奶油

1
先像摩擦般地混合1/2量的細砂糖、蛋黃,再與低筋麵粉混合。

2
將剩餘的細砂糖、整支香草莢加入牛奶裡,加熱到沸騰。然後,邊倒入1裡,邊用攪拌器充分混合。

3
用濾網過濾,倒回1的鍋裡,邊不斷地攪拌混合,加熱到沸騰。然後,從爐火移開,加入吉力丁融化。

4
倒入較大的攪拌盆裡,用保鮮膜密封起來。放置在溫暖的地方,不要讓它冷掉。

5
將熬煮好的蜂蜜一點點地加入B的蛋白霜裡打發,製作義大利蛋白霜。

6
將少量的5加入4裡,用攪拌器充分混合。然後,再將剩餘的5加入,用橡皮刮刀輕柔地混合,小心不要將蛋白霜的泡沫壓碎了。

組裝

1
將直徑18cm×高4.5cm 的圓形中空模套在已冷卻的塔上,再將吉布斯特奶油奶油放在上面。

2
用抹刀壓奶油,將表面整平,讓它緊密分佈,邊緣沒有縫隙。然後,就這樣放進冷凍庫,冷藏凝固。

3
脫模,表面撒上細砂糖 (未列入材料表),用加熱的鐵鏝碰觸表面,讓砂糖變成焦糖。

4
重複同樣的步驟約3次,直到表面整個變成焦糖層為止。

Pomme

蘋果

英: Apple
日: リンゴ

蘋果是世界上有史以來，最早也最廣泛地被栽種的水果。它的名字是取自於拉丁語的「果實」(pomum)之意，自史前以來，就受到大眾的喜愛，即使是現在，在歐美也是消費量最高的一種水果。他具有清爽的甜味與酸味，依品種的不同，可發揮其各自不同的用處。

○ 歷史 · 產地
自古各地就已開始栽培蘋果，從聖經中所載的「禁果」亦可得知，它是種自史前時代開始，就已很普遍的水果了。自古以來，人類就已展開各種品種的栽培，目前在世界各地，已有多達7500以上的品種了。

○ 分類 · 形狀
蘋果為薔薇科植物。樹高雖依品種而有所不同，一般多為枝幹可延展開來的高大樹木。每根樹枝上會各結成一個果實，果皮的顏色，由黃到綠或紅，直徑大小由10cm~15cm不等，依品種而各不相同，種類繁多。大體上，蘋果的蒂與球形凹下的部分相連，往下通為水果的中央部分，它的周圍有6~7顆小種籽附著其上。

○ 味道的特徵
蘋果的酸度與甜度的多寡，依品種而有所不同。從堅硬的果肉所散發出來的香氣，清新而柔和。一般而言，果肉較硬，多汁而甜美的蘋果，適合生食，水分較少，酸度較高的蘋果，適合作成派，酸度高但水分較多的蘋果，適合作成果凍，依蘋果品種特性的不同，可發揮在各種不同的用途上，來突顯它的原味。

○ 產季與挑選
大部分的品種，產季在9月至3月間。然而，實際上由於栽培與貯藏技術的不斷改進，現在，雖說不是所有的品種，但幾乎一整年都可以買得到蘋果。如果用手指彈一下果腹，聲音是低沉的，就表示已經成熟了。選購時，請挑選果肉堅硬，顏色鮮明，毫無損傷者。用手指按壓時，若會陷下去，就表示水分已流失，質地變得鬆散，要避免挑到這樣的蘋果。

○ 保存法
在所有的水果當中，算是少數可以長期保存，又不容易變質的水果之一。保存時，要裝進通氣性佳的塑膠袋等裡面，再放進冰箱保存。已損傷或過熟的蘋果，會影響到其它的蘋果，所以，請取出分開放。

○ 運用技巧
蘋果除了可以生食之外，還可以作成料理時用的醬汁，或作成沙拉等，廣泛地運用在製作料理上。蘋果的用法種類多到不勝枚舉，可作成派、塔、果醬、蛋糕等。不過，用來製作法式糕點(Patisserie) 時，加熱使用的情況居多。通常用來製作塔的，大都是新鮮的水果，但是，如果使用的是蘋果，就會加熱讓水分蒸發，讓它的風味凝聚，來發揮突顯蘋果味道的特性。此外，在法國的蘋果產地諾曼地所產的蘋果酒 (cidre)、蒸餾酒蘋果白蘭地 (calvados)，均受到法國國家標準檢驗AOC的認證控管。

Jalousie

忌妒

蘋果用奶油煎過，讓水分蒸發，來充分突出它的甜味與酸味，再用質地細緻的千層麵糰包裹起來，拿去烤至焦
入口後，派皮鬆脫散開，蘋果就成了主角了。
此時，就可以好好地享受它多汁香甜的風味了。

Jalousie
忌妒

10cm × 50cm派1個的份量

Feuilletage Inversé
反式千層麵糰

[鹹麵糰 (Détrempe)]
中筋麵粉 ···· 350g
鹽 ···· 10g
白酒醋 ···· 5g
水 ···· 140g
融化奶油 ···· 120g
[夾層用奶油]
中筋麵粉 ···· 150g
無鹽奶油 ···· 380g
○ 將所有的材料放進冰箱內冷藏。
○ 中筋麵粉過篩。

Garniture
配料

蘋果 ···· 5個
無鹽奶油 ···· 5g
細砂糖 ···· 適量
水 ···· 適量
蘋果白蘭地 (calvados) ···· 適量
塗抹用蛋汁 (全蛋) ···· 1個

反式千層麵糰

1
製作鹹麵糰 (Détrempe)。將中筋麵粉圍成環狀。將鹽放入中央,醋、半量的水也倒入,從內側開始與中筋麵粉混合。

2
等混合完成約1/3時,將融化奶油倒入中央,用與步驟1相同的技巧來混合。

3
水分幾乎被麵粉吸收後,就用刮板邊將旁邊殘留的粉往中央集中,邊將剩餘半量的水加入混合。

4
用刮板像切東西般地迅速切割混合。

5
整理成圓形,在表面劃上十字,再從中央往外,向四方拉展開來。

6
整理成邊長約20cm的平面方形,用保鮮膜密封起來。用擀麵棒輕敲,讓厚度均等,再放進冰箱冷藏。

7
準備夾層用奶油。將中筋麵粉篩入大的攪拌盆裡。用擀麵棒輕敲奶油,讓它稍微變軟後,再用刮板切成小塊。

8
將攪拌盆放在倒入了冰水的托盤上,讓它保持低溫。混合7,後半段要用手像抓東西般地混合。>>為了避免奶油在混合的過程中融化,混合的動作要快,而且不要讓奶油結塊了。

9
與步驟5~6相同,整理成四方形,再用保鮮膜包起來,整理成均等的厚度,放進冰箱,冷藏20分鐘以上。

> > Attention!
注意!

為了讓夾層奶油與麵糰混合前,即使變軟了也很容易處理,請先準備好摺成百摺後,大小成40cm×90cm 的保鮮膜2塊。

10
用擀麵棒輕敲鹹麵糰,拉展成寬20cm,長40cm的麵皮。

11
將夾層用奶油放在預先準備好的保鮮膜上,撒滿手粉,再蓋上另一塊保鮮膜,再用與步驟10相同的技巧,拉展成60cm長的塊狀。
> >可以不時地翻面進行,以免避免橫邊部分突出來。

12
先將靠近自己這邊的邊緣整理平整,再將10放在11上面,向外部分多出的20cm,往自己的方向摺回來。然後,將疊在一起的麵皮與奶油,對摺一次,再作成20cm×20cm 的正方形。

13
將摺疊後的麵皮開口的側面朝向自己,轉成90度。用擀麵棒在上面交叉輕壓2下,讓麵皮與奶油緊密地疊在一起,注意要讓四個角對齊好。

14 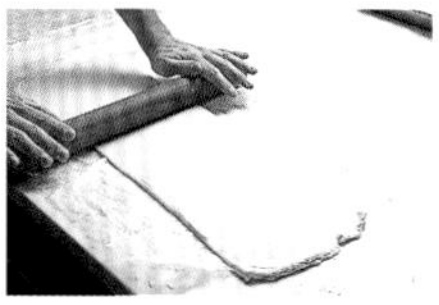

擀開成20cm×80cm的長方形。

15 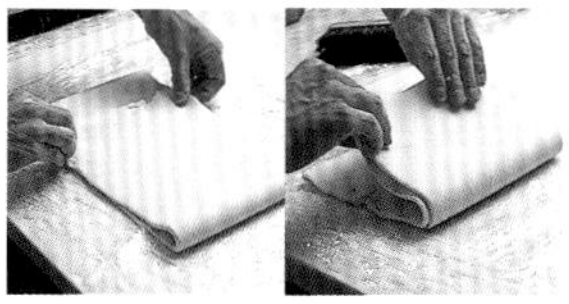

由外往中央，再由裡往中央，各摺疊20cm。然後，再對摺1次，成為四摺。輕輕將厚度整理均等後，用保鮮膜密封起來，放進冰箱冷藏。

16 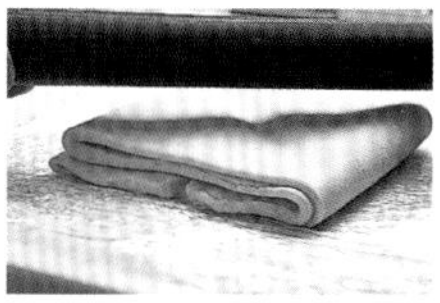

再重複14~15的步驟2次。總共進行3次摺成四摺的動作。>>一直將兩端的麵皮摺向中央相對，烤好後，就可以呈現出明顯的層次來。若是像照片中般，常常將摺疊的位置錯開，就無法顯現出層次來了。

17 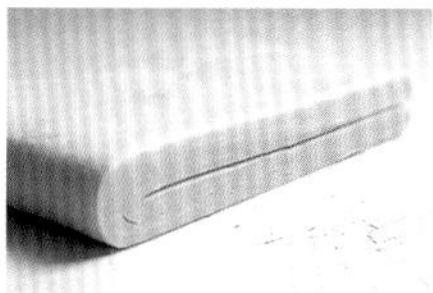

與斷面平行，將麵皮橫切成2半，各自用保鮮膜包起來，放進冰箱冷藏。

配料

1 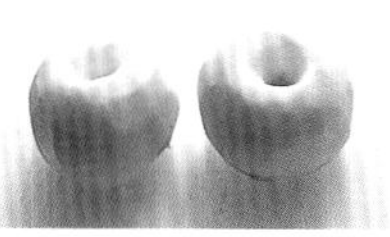

蘋果去芯，去皮。>>蘋果在開始加工前才去皮，以免變色。雖然將蘋果浸在鹽水或檸檬汁裡可以防止變色，但是，蘋果卻會吸水變軟，請避免採取這樣的方式。

2 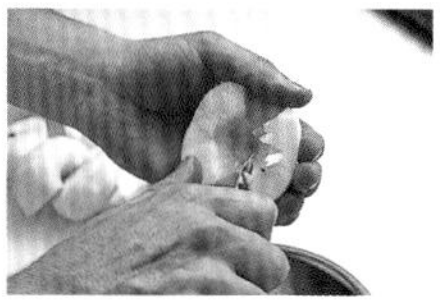

對半切開，將中間的種籽及硬的部分切除。然後，切成大方塊。

3 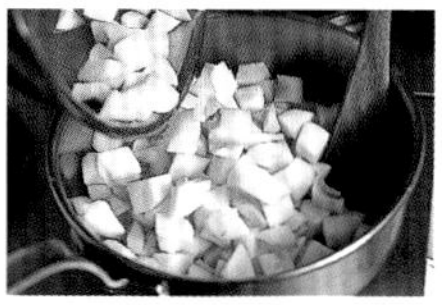

將奶油放進湯鍋裡，用中火加熱融化，油煎蘋果。

4 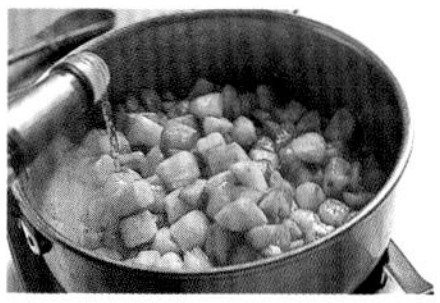

邊留意甜度與水氣的狀況，邊適度地將細砂糖、水一點點地加入，加熱30~40分鐘，到蘋果變軟為止，注意不要讓它煮爛散掉了。最後，倒入蘋果白蘭地，點火燒乾酒精來增添香味 (flamber)，放涼。

外層

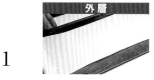

1 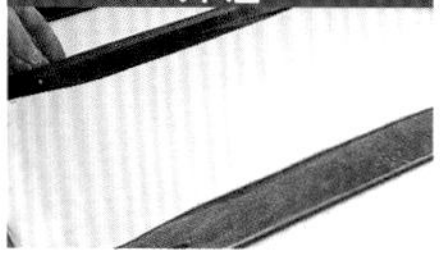

將2塊麵皮的斷面朝向自己，用擀麵棒擀開成50cm長，2~3mm厚的麵皮。>>擀開的時候，注意不要讓麵皮沾黏在台上，要常常用力翻面。中途，麵皮若變軟了，就放進冷凍庫冷藏。

2 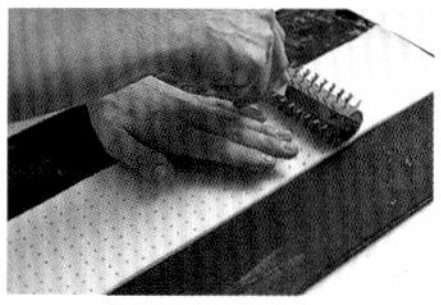

作記號，用刀子切出1塊寬10cm，長50cm的長方形。用打洞用滾軸打洞。

3 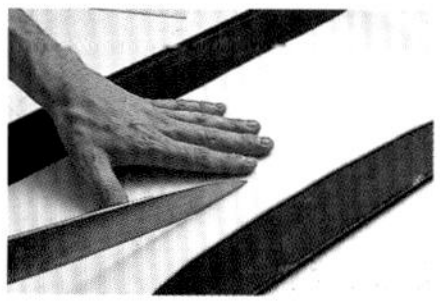

再用刀子切出比2的那塊長寬都多出2cm的長方形，作為最後要覆蓋在上面的麵皮。但是，這塊不用打洞。

4 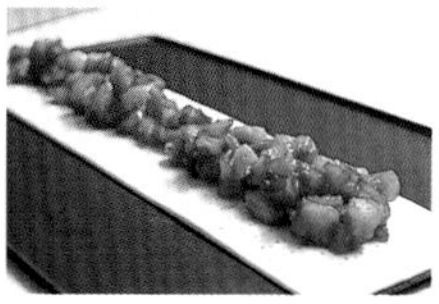

將油煎過的蘋果堆積在2的麵皮中央。

5 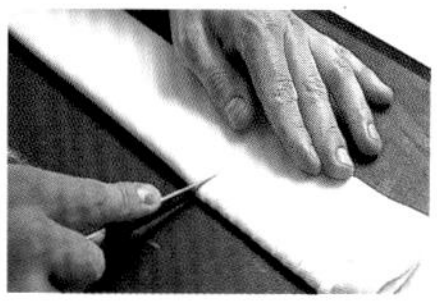

在步驟3那塊要覆蓋在上面的麵皮上撒上手粉，縱向對摺成兩半。然後，先在離對摺處2cm遠的地方作上記號，再用料理用小刀等距地切劃。

6 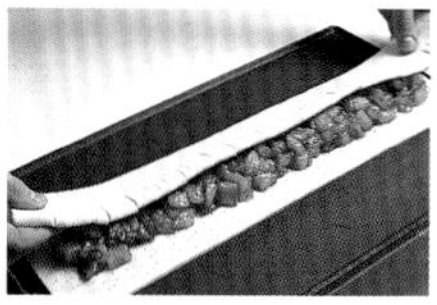

將蛋汁塗抹在4的邊緣上。再將還在對摺狀態的5與4的邊緣對齊，擺上去。

7 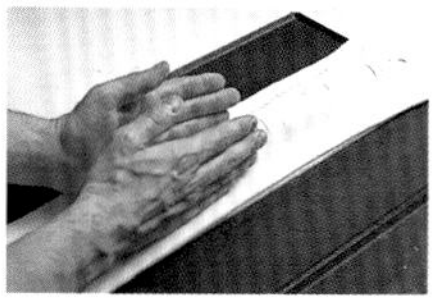

從上面將5對摺的麵皮攤開來，輕輕地用手指按壓，讓邊緣黏貼起來。

8 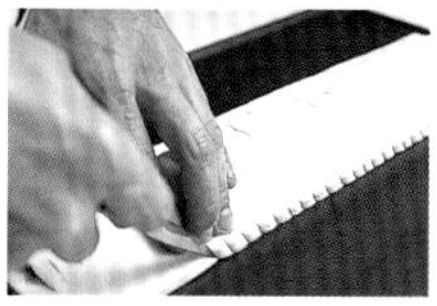

將多餘的麵皮切掉，整理成長方形。用刀背來壓邊緣的部分，既可以讓麵皮緊貼在一起，還可以作出刀痕的紋路來。放進烤箱烘烤前，要先放進冰箱冷藏約1小時。

9 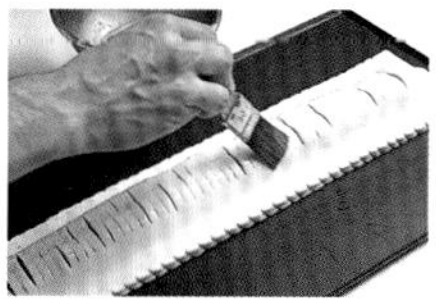

將蛋汁塗抹在表面上，用烤箱以180°C加熱。烘烤所需時間，至少為40分鐘，有的烤箱，則可能需要1小時。>>等到表面開始變成金黃色後，就稍微將溫度調降，繼續烤，可讓它變得更乾燥，烤好後會更酥脆。

Tarte Normande

諾曼地塔

這是一道在諾曼地的任何一個家庭，都會作的甜點。

雖然，使用生的蘋果來做也行，一開始就以油煎處理，反而可以降低它的水分含量，有效地保存凝聚它的風味。

將蘋果緊密地排列在上面，儘量減少料糊（Appareil）的用量，更能夠充分地品味素材的原味，

是製作這道甜點時的一大秘訣哦！

直徑16cm塔模1個的份量

Pâte Sablée
酥餅

A:低筋麵粉 ···· 175g
　杏仁粉 ···· 25g
　糖粉 ···· 70g
　鹽 ···· 1撮
　無鹽奶油 ···· 90g
　全蛋 ···· 35g
○ 混合A的粉類，過篩。
○ 奶油放進冰箱冷藏。

Pommes Caramélisées
焦糖蘋果

蘋果 ···· 3個
無鹽奶油 ···· 適量
細砂糖 ···· 適量
蘋果白蘭地 (calvados) ···· 適量

Appareil
料糊

全蛋 ···· 1個
細砂糖 ···· 30g
杏仁粉 ···· 5g
鮮奶油 ···· 20g
蘋果白蘭地 (calvados) ···· 5g
融化奶油 ···· 20g

酥餅

1
將冷藏過的奶油放在A的粉類上，壓平後，用刮板切碎。

2
用手掌像摩擦般地混合奶油與粉類，到整體變成偏黃色的砂狀為止。

3
作成環狀，將全蛋倒入中央。從內側開始一點點地與蛋混合。

6
等混合到完全沒有結塊的狀態後，就整理成圓球狀，再展開成圓形，這樣後來就比較容易擀成麵皮了。用保鮮膜包起來，放進冰箱，至少冷藏2~3小時。

7
用擀麵棒輕敲，讓麵糰變軟，邊撒上手粉，邊將麵糰轉向90度，擀薄成2~3mm厚的圓形。＞＞如果擀得太薄了，吃起來就會不夠酥脆，而且還容易烤焦，所以，一定要保持在某個程度的厚度。

8
將塔模擺在上面，用料理用小刀轉一圈，切割出比塔模還大的圓形。

4
到了與蛋約混合完成1/3時，就用刮板將粉類往中央集中，整體一起混合。

5
整體混合好後，用手掌在工作台上像摩擦般地混合，注意不要結塊了。＞＞不要用揉搓的，以免烤好後吃起來缺乏酥脆感。

9
將麵皮套入塔模內，用手輕壓，讓麵皮與塔模完全緊貼，毫無縫隙。＞＞注意不要太用力了，以免麵皮的厚度變得不均勻。此外，由於塔模的邊緣呈鋸齒狀，容易將麵皮切斷，所以，放上去時，要輕一點。

10
用擀麵棒在塔模上面滾過，將多餘的麵皮切除。然後，至少靜置20~30分鐘。＞＞塔模的內側呈溝狀，而最理想的狀況，就是麵皮的厚度，可以做成溝狀的凸出與凹下的部分都相同。

11

先用叉子打洞，再以160℃乾烤10~15分鐘。>>在這個階段，只要烤到邊緣稍微變成金黃色即可。此時，底部應是烤成白色的。

12

用毛刷將攪開的蛋黃汁 (未列入材料表) 塗抹在底部，用以塞住洞口，防止料糊 (Appareil) 漏出。

焦糖蘋果

1

參照P.49，將蘋果去芯，依上下，側面的順序，去皮。去籽，切成6~8等份。

2

將適量的無鹽奶油放進鐵氟龍加工的平底鍋裡，加溫融化後，再加入細砂糖溶解。>>為了能夠充分展現出蘋果的香味，注意不要讓奶油燒焦了。

3

將蘋果排列在平底鍋裡加熱。>>將蘋果貼在平底鍋上直接加熱，不要疊放，就可以讓蘋果煎成金黃色，香氣四溢。請使用底面積較寬大的湯鍋，或平底鍋。

4

煎到快要焦的時候，就加入適量的水 (未列入材料表)，繼續加熱到變成黃褐色。煎蘋果所需的時間，為兩面加起來共約10分鐘。

5

最後，倒入蘋果白蘭地，點火燒乾酒精來增添香味 (flamber)，就完成了。

料糊

1

迅速攪開全蛋，依序加入細砂糖、杏仁粉。

2

再依序加入鮮奶油、蘋果白蘭地、融化奶油，混合到沒有結塊為止。

3

將油煎蘋果的湯汁倒入混合。

組裝

1

將蘋果煎成漂亮黃褐色的那面朝上，排列在乾烤過的塔模裡。>>排列時，邊輕壓，以便放入更多的蘋果。

2

將料糊 (Appareil) 倒入，到邊緣都倒滿為止。

3

用烤箱，以170℃，加熱20~30分鐘。途中，如果顏色看起來像要烤焦了，就將溫度調降。

4

烤好後，灑上蘋果白蘭地，用瓦斯噴槍加熱，讓香氣散發出來。趁熱脫模，放在網架上冷卻。

Poire

洋梨
Pear
ペーシ

洋梨的外形，看起來像淚滴，下面的部分呈膨大的長球形。它是種非常獨特的水果，很適合直接端上桌來當作點心享用，自古以來，就被賦予很高的評價。它那吃起來滑順的口感，濃郁的香氣，用來製作法式糕點，給人的感覺既優雅又細緻。如果想品嚐口味較清淡的甜點時，就可以用來製作夏洛特 (charlotte) 水果奶油布丁，或舒芙雷 (Souffle) 了。

○歷史 · 產地

原產於中亞，自古以來，在歐洲也有進行培育。歐洲自希臘羅馬時代起，就開始以生食，或乾燥的方式來食用洋梨了。到了17～18世紀，由於品種改良的結果，開始出現許多的交配種。由於洋梨很受到路易14世的喜愛，因此，在法國被培育出高品質的洋梨，而目前市面上的洋梨，也是以法國產為主。

○分類 · 形狀

洋梨為薔薇科植物上，結成像蘋果般的果實。皮薄，呈黃色、褐色、紅色等顏色，可食用。大部分品種的外形，呈底部像淚滴般膨大的長球形，也有一部分的品種是呈球形。果肉呈淡奶油色，中央有數顆小種籽。

○味道的特徵

果肉內因有細密的纖維，所以很堅實，然而，入口即化，口感滑順，只有稍微帶點沙沙的顆粒感。若是與蘋果相較，顯得比較多汁而柔軟。甜度很高，幾乎一點都不酸。散發出的濃郁香氣，也是它的特徵之一。

○產季與挑選

依季節來分，有夏季洋梨，秋季洋梨，冬季洋梨，除了春季之外，幾乎是一整年，都可以買得到不同的特定品種。在日本，山形縣所產的「法國(ラ・フランス)」洋梨，以夏季至秋季為盛產季。請選購外觀光滑而結實，卻又不會太硬，毫無損傷者。洋梨若是成熟了，在切開前就會散發出濃郁的芳香，按壓底部時，會有稍微陷下去的感覺。

○保存法

洋梨大都是在成熟前就已採收，在貯藏期間，再讓它完全達到成熟。成熟的洋梨，非常容易損傷，所以，存放時與桃子相同，絕對不要用堆疊等方式，加重它的負擔。此外，由於洋梨在保存期間會散發出乙烯氣體，所以，請避免放在密封的袋子或容器裡。放在冰箱內可保存2～3日，但要避免放在會散發出強烈氣味的物品旁邊。洋梨在完全成熟後，很容易腐爛，所以，要盡快食用。若是經過加熱，可保存較久一點。

○運用技巧

洋梨的果肉多汁柔滑，又有豐富的香氣，即使是生食，也是風味絕佳。由於洋梨的味道溫和，所以，除了生食之外，也很適合加紅酒來熬煮，以及搭配蜂蜜，或香料來調味。此外，如果與味道溫和，不會掩蓋水果原味的奶油，或其它質地柔軟的蛋糕等作搭配組合，就更能夠突顯出洋梨個性獨具的風味了。

Terrine aux Poires

洋梨凍派

這是道用真空方式來調理加熱，充分發揮洋梨香味，再加入色彩鮮豔的柿子組合而成，味道清爽的派。
用甜酒來熬煮，就可以完全保留住洋梨入口時令人感到愉悅的柔滑感，
並且，讓它的甜味與香氣倍增，成為一道饒富風味的甜點。

23cm × 8cm × 高8.5cm 的凍派 (terrine) 模1個的份量

Compote de Poires
糖煮洋梨

洋梨 ···· 10個
香草莢 ···· 2支
薑 ···· 適量
黑胡椒粒 ···· 適量
米酥 ···· 1000g

○ 加熱米酥到沸騰，再點火燒乾酒精來增添香味 (flamber)。等到火熖熄掉後，就從爐火移開，讓它自然冷卻。

Compote de Kakis
糖煮柿子

柿子 ···· 2個
香草莢 ···· 1/2支
黑胡椒粒 ···· 適量
米酥 ···· 500g

○ 用與上面相同的方式準備米酥，備用。

吉力丁片 ···· 12g

○ 吉力丁片用水泡脹。

>> Les Autres Produits
其它重要素材

米酥 ミリン

本米酥 (本ミリン) 為使用糯米、米麴、燒酒，經過40～60日發酵熟成後所製成，酒精含量為13.5%～14.4%，糖分為40%的酒類。它的風味與法國的甜味葡萄酒非常類似。如果是要用來加熱糖煮等，最好是使用有標示著「發酵3年」，發酵較完全者。此外，最近市面上普遍可見的「米酥料酒」，為使用米、米麴的釀造調味料，經過發酵熟成，再過濾後所製成，酒精含量不到1%的調味料。所以，它與本米酥可以說是完全不同的東西，請特別留意，不要買錯了。

糖煮洋梨

1

洋梨去皮。先用削皮器將蒂挖掉，再削掉連接蒂，與底部的皮。然後，由上往下，縱向削皮。

2

對半切開，挖去種籽。再用刀子切除中央堅硬的部分。

3

將2適量地裝入真空塑膠袋裡。再加入香草莢、薑、胡椒。倒入米酥，到所有的材料都可浸漬到為止。

4

密封成真空包裝，用80℃隔水加熱，或用有水蒸氣加熱功能的烤箱，以85℃，加熱約30分鐘。

糖煮柿子

1

先將柿子對半切開，再用刀子去蒂。

2

切成約6等份，去皮。>>切勿切得太小塊，以免煮的時候散掉了。另外，因相同的理由，此時先不要去籽。

3

與洋梨相同，加入香草莢、黑胡椒粒，倒入米酥，真空密封。

4

用稍低於80℃隔水加熱，或用有水蒸氣加熱功能的烤箱，以85℃，加熱約30分鐘。

組裝

1

將糖煮洋梨切成約8等份的月牙形。糖煮柿子去籽。

2

以洋梨為主，先擺入凍派模裡，再配合顏色平均分配，將約1/3量的柿子夾雜其中，擺放在同一層。

3

配合凍派模的大小，切割吉力丁片，然後，擺放上去。

4

再以與步驟2相同的方式，將糖煮洋梨、柿子擺上去。>>總共重複2～3的步驟共3次，就約略可以將凍派模填滿了。最後，再擺上吉力丁片，就好了。

5

用烤箱以90℃，讓蒸氣不斷冒出，以蒸的方式，烤約30分鐘。烤好後的洋梨凍派，如照片所示。

6

用保鮮膜密封起來，將表面整平，放進冰箱冷藏1日，入味。如果連同凍派模，一起真空密封，則約可保存2週。

Agrumes

柑橘類
英: Citrus
日: 柑橘類

柑橘類水果所呈現的鮮豔黃色，或橘色，很容易讓人聯想到閃耀的太陽。它的名字源自於拉丁文的「酸味」之意，可以用來製作成點心，餐後甜點等，各式各樣的法式糕點，無論是哪一種，製作時的要領就是完成時要味道清新宜人。柑橘類水果，從香氣濃郁的外皮，到鮮嫩多汁的果肉，無論是哪個部分，都可以物盡其用。

○歷史 · 產地

在亞洲地區，橙類已有4000年，檸檬則有2800年以上的栽種歷史。紀元初期，隨著貿易的途徑，被傳到地中海周邊地區。雖然從很早以前就開始被栽種，廣泛地被食用，卻是始於14世紀，十字軍將阿拉伯料理傳播開來之時。以北美為中心，開始大量生產，流通販賣，是進入20世紀後才開始的。

○分類 · 形狀

柑橘類皆屬於芸香科植物，雖依不同品種而有異，大多數的外形，都是枝幹深展開來，長成丈高的樹木。它們所結成的果實，果皮部分可分為有顏色的薄皮，及白色軟綿綿，有點厚度的皮兩部分。內側部分，薄薄的皮包裹著一瓣瓣的果肉，既柔嫩有彈性，又多汁。有些品種，則帶有小小的白色種籽。

○味道的特徵

柑橘類的果皮味道很苦澀，不適合用來生食，但是，由於它的香氣濃郁，所以，很適合加熱後作成果醬等，用途廣泛。內側的薄皮則可食用。果肉在入口後，由於多汁，混合了酸味及甜味的清新味道，就會在口中飄散開來。

○產季與挑選

柑橘類的產季依品種、產地而有所不同，但幾乎是一整年都可以在市面上買得到。若以產量而言，就屬美國佛羅里達州的生產得最多了。然而，法國南部蒙頓市 (Menton)，則是一個知名的產地。挑選柑橘類時，可拿在手上秤秤看重量，大小相同卻比較重的，就表示汁液較多。此外，請選擇外皮結實地包裹住果肉，帶有光澤者，避免挑選果皮柔軟，皮色看起來暗沉等不新鮮者。

○保存法

柑橘類在所有的水果當中，算是內部比較不容易損傷的種類。然而，在柑橘類中，果皮較薄，也較容易損傷的金桔或柑桔 (Mandarin) 等，某些品種，就必須放進冰箱冷藏了。其它像柳橙、檸檬、葡萄柚等，放置在室溫的環境下，則可保存1週。

○運用技巧

柑橘類就算是生食果肉，也很香甜美味。然而，若是要用來製作法式糕點 (Patisserie)，為了充分發揮出它的香味，連皮一起使用比較好。除了可以將皮磨泥，還可以與砂糖一起熬煮到變軟，運用方式繁多。此外，既可榨汁直接使用，或將其熬煮過再用，以加工的方式，來濃縮柑橘類水果的原味，讓清新的風味更加地突顯出來。另外，將橙花拿來用酒精蒸餾過，所得的橙花水，可以當作香精用來調味，增添風味。

Citron

檸檬

英: Lemon
日: レモン

檸檬自古在亞洲地區即已被栽種，所以，可以推測它原產於中國。由於酸味非常強烈，幾乎很少有人會生食果肉。它的榨汁，常被用在料理的事前準備，或製作醬汁上，是調製酸味時，不可或缺的重要物品。此外，利用它的酸來促進奶油的凝固作用，再製作成檸檬塔，或週末磅蛋糕 (英Weekend)等，使用檸檬製作而成的甜點，既常見，種類又繁多。

Orange

柳橙

英: Orange
日: オレンジ

柳橙可大致分為苦橙與甜橙兩種。一般用來食用的，是甜橙。除此之外，還有最適合用來作成果汁的晚倫西亞甜橙 (Valencia Orange)，與臍橙 (Navel Orange)。另外，還有紅橙 (Blood Orange)，是1850年時，才在歐洲出現的交配種，果肉呈紅色，或橙色，有鮮紅色的粗纖維，甜美多汁，又香氣濃郁。常被用在製作肉類料理，或舒芙雷 (Souffle)、葡萄柚冰淇淋、冰沙 (sorbet) 等法式糕點 (Patisserie) 上，用法非常多。此外，還可作成利口酒，或將橙花蒸餾過後，製成橙花水等，發展成各式各樣的素材。

葡萄柚栽種的歷史並不長，僅數十年，可以說是一種很新的水果。然而，也有人認為，它是由古代即有，被稱之為「柚子 (pomelo)」的長球形柑橘類水果，與柳橙自然交配而成的品種。它的英文名稱，源自於果實會像葡萄般結成球形而成，因而得名。葡萄柚的酸味、甜味、苦味，混合得恰到好處，即使是在柑橘類裡，也是種味道特別清新而令人感到新鮮的水果。採收後的葡萄柚，大約有60%被用來製作成果汁，如果是用來生食，大多是直接撒上砂糖來吃，以品嚐它清新的原味。葡萄柚也常被用來當做柳橙的替代素材使用。有的品種，為果肉與果皮都是黃色的，但是，也有名為粉紅葡萄柚 (pamplemousse rosé)，果肉呈粉紅色的品種，然而，事實上吃起來味道並沒有什麼差異。

Pamplemousse

葡萄柚

英: Grapefruit
日: グレープフルーツ

萊姆是於13世紀時，由十字軍傳到法國與義大利的。然後，再經由發現美洲大陸的哥倫布，將萊姆的種籽傳到拉丁美洲。因此，現在在墨西哥、西印度諸島、印度、義大利等，都有栽植。萊姆的外形雖然與檸檬差不多，但是，無論是果肉或果皮，都呈綠色，香味也很獨特。一般市面上販賣的，是被稱之為酸萊姆，酸味很強的種類。萊姆比檸檬更容易腐壞，所以，請小心保存。雖然可以在室溫的環境中保存，如果放進冰箱裡，就可以保存得更久了。

Citron Vert

萊姆

英: Lime
日: ライム

Préparation des Agrumes ~ 柑橘類的事前處理方式

Peler
去皮

由於削下的皮還要拿來用，在削皮時，請留意削下的形狀。

1

切除上下的蒂。由上往下，將刀子從果肉與白色部分之間切入。

2

大約重複5~6次，就可以將所有的皮削下來了。

Taillage
切成月牙形

用這樣的方式切，最能夠保持果肉瓣的完整，有效率地取出果肉。

4

將果肉從薄皮部分切下。將刀子朝向芯的部分，從薄皮與果肉之間直直地切下。

5

兩側都用刀子切入過後，在刀子還在切入的狀態下，稍微將刀尖傾斜，果肉就會自然脫落了。

Préparer le Zeste
皮的事前準備

由於白色的部分味道苦澀，所以，通常用來製作法式糕點時，只用外皮有顏色的部分。

1

將削下的果皮，外皮朝下，放在台上。再將刀子切入白色與有顏色外皮的部分之間，由右往左切過去。

2

由內側將白色部分完全切除，到可以看得到橙色的外皮為止。

3

切成細絲。

4

用沸水，煮到變成透明，再撈起放在濾網上瀝乾。

5

另一種方式，就是整顆果實直接拿來，把果皮磨泥。

Décor du Zeste I
使用果皮來作裝飾 1

1

邊轉動柳橙，邊將柳橙皮削成細長條狀，中途不要斷掉了。不要將味道很苦的白色部分一起削下來。

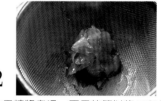

2

先用糖漿煮過，再用烤箱以約60℃稍微烤乾。

3

撒上細砂糖，適度地調整形狀。

Décor du Zeste II
使用果皮來作裝飾 2

由於削下的皮還要拿來用，在削皮時，請留意削下的形狀。

1

用削皮器將皮削下來。橫著削，盡量一次削一圈，削成帶狀。

2

切絲，水煮。變軟後，再用糖漿稍微加熱。

3

撒上粗糖，再稍微打結。

Décor de la Chair
使用果肉來作裝飾

1

用廚房紙巾將切成月牙形的果肉瀝乾。

2

用烤箱以約60℃，稍微烤乾後，撒上細砂糖。用焦糖沾滿，趁熱適度地整理外形。

Pâte du Zeste
果皮磨泥

1

用料理用小刀削皮，水煮約2小時，到用手指可以弄破的柔軟度為止。然後，用濾網瀝乾，放進電動攪拌機攪拌。

2

一點點地將糖漿加入，繼續攪拌成質地很細緻的泥狀。

Compote
糖煮水果

1

將柑橘類水果整顆放進裝了水的鍋內，加熱約3小時，到外皮變皺，變軟為止。

2

切成大塊，去籽。

3

放到平底鍋裡，加熱。加入水，撒上砂糖，加熱到水分變少，開始飄散出香味為止。

4

繼續用小火熬煮到水分幾乎蒸乾為止。

5

散熱後，切碎，移到托盤裡，放進冰箱冷藏。

Tartelette Citron Meringuée

迷你檸檬塔

這道甜點，是將柔軟的蛋白霜，放在酥脆芳香的酥餅 (pâte sablée) 上而成。
它的奶油，濃縮了檸檬的酸味，綿密又滑順，讓吃起來的口感更加地完美。
保留發揮奶油中強烈的酸味，就能夠讓酥餅吃起來更加地香脆了。

Macaron
Citron

檸檬小圓餅

Macaron
Orange

柳橙小圓餅

小圓餅有各式各樣的口味，而檸檬可以說是最基本的一種口味了。

它那濃稠的奶油，與質地纖細，入口即化的小圓餅，加上清新的酸味，自古以來就很受到歡迎。

柳橙小圓餅，作得比較大，感覺上就像是用果肉作成夾心的小蛋糕（petit gateau）。

Tartelette Citron Meringuée

62 迷你檸檬塔

底部直徑**6**cm×上部直徑**7**cm×高**3**cm
的塔模**6**個的份量

Crème d'Amandes
杏仁奶油

無鹽奶油 ···· 50g
糖粉 ···· 50g
全蛋 ···· 1個
杏仁粉 ···· 50g
低筋麵粉 ···· 5g

○ 將奶油打發成膏狀。
○ 分別將杏仁粉、低筋麵粉過篩。

Pâte Sablée
酥餅

中筋麵粉 ···· 175g
杏仁粉 ···· 25g
糖粉 ···· 70g
鹽 ···· 1撮
無鹽奶油 ···· 90g
全蛋 ···· 35g

○ 參照p.51的步驟，製作酥餅。

Crème Citron
檸檬奶油

檸檬皮 ···· 1/2個的份量
檸檬汁 ···· 100g
細砂糖 ···· 100g
全蛋 ···· 3個
無鹽奶油 ···· 50g

○ 奶油切碎，恢復成常溫狀態。

Meringue Italienne
義式蛋白霜

蛋白 ···· 100g
細砂糖 ···· 50g
細砂糖 ···· 100g
水 ···· 40g

○ 參照p.150~151的步驟，製作
義式蛋白霜。

Décor
裝飾

檸檬皮 ···· 1個
杏桃鏡面果膠 ···· 適量

○ 參照p.58的步驟，準備檸檬皮。
○ 加熱杏桃鏡面果膠到融化。

杏仁奶油

1 混合奶油、糖粉，用攪拌器充分混合。

2 分次將1/3~1/4量的全蛋與杏仁粉交互混合。再加入低筋麵粉混合。＞＞藉由水分與粉末交互加入混合的方式，就可以避免兩者分離，促進乳化作用。

酥餅

1 將已擀成2~3mm厚的麵皮放進冰箱冷藏數分鐘，再用直徑10cm的圓形中空模切割。然後，套入模內，用料理用小刀將多餘的麵皮切除。

2 用叉子打洞，擠上薄薄一層的杏仁奶油。＞＞這樣做，是為了要隔絕檸檬奶油的水分，避免麵皮沾濕，所以，只要薄薄一層即可。

3 用烤箱以180℃，烤約15~20分，到稍微變成金黃色為止。然後，放到網架上冷卻。

檸檬奶油

1 將檸檬皮、檸檬汁、細砂糖放進鍋內，加熱到沸騰。邊一點點地加入全蛋，邊攪拌。

2 過濾一次，倒回攪拌盆裡。＞＞為了讓檸檬的風味能夠充分表現出來，過濾時，請同時也輕壓殘留在濾網上的皮。

3 用隔水加熱的方式，將2凝固成奶油狀。加熱時，邊用橡皮刮刀混合，注意不要讓空氣跑進去了。＞＞請務必要用隔水加熱的方式來加熱，以免結塊。

4 等到整個開始變得濃稠時，就加入切碎的奶油。奶油融化後，就可移開，停止隔水加熱了。

5 隔冰水降溫，再用保鮮膜密封。＞＞冷卻後，奶油的油脂會凝固起來，使奶油的質地更加地結實。

外層

1 將檸檬奶油小心地裝入擠花袋內。在塔的中央擠出圓糰來。＞＞裝入擠花袋時，避免混雜空氣進去，奶油的質地就會很滑順了。

2 放進冰箱冷藏凝固，再用杏桃鏡面果膠將表面沾濕。

3 裝上星型擠花口，用擠花袋將義式蛋白霜擠在表面上，呈直徑大小相同的漩渦狀。

4 用瓦斯噴槍將蛋白霜的表面烤出一點金黃色，再將檸檬皮擺上去，作裝飾。

Macaron Citron
檸檬小圓餅

Macaron Orange
柳橙小圓餅

直徑3cm的小圓餅40個的份量
與直徑7cm的小圓餅13個的份量

Macaron
小圓餅麵糊

A:蛋白 ···· 150g
　細砂糖 ···· 75g
B:杏仁粉 ···· 125g
　糖粉 ···· 225g
　食用色素 (黃色或橙色) ···· 少量
○ 打發A，製作蛋白霜。
○ 混合B的粉類，過篩。

Crème Citron
檸檬奶油

全蛋 ···· 4個
蛋黃 ···· 6個
細砂糖 ···· 200g
玉米粉 ···· 5g
檸檬汁 ···· 150cc
檸檬皮磨泥 ···· 2個的份量
無鹽奶油 ···· 100g
○ 混合全蛋、蛋黃，攪開。

Décor
裝飾

檸檬皮 ···· 適量
　或
柳橙的果肉 ···· 適量
○ 參照p.58的步驟，準備檸檬皮，用糖漿熬煮。
○ 參照p.58的步驟，準備柳橙的果肉，切成月牙形。

小圓餅

1

將已過篩的粉類，一點點地加入蛋白霜裡，用橡皮刮刀像切東西般地迅速混合。

2

混合到約達九成時，將食用色素適量地加入，充分混合到沒有結塊為止。

3

邊用刮板輕壓表面，將大氣泡壓碎，邊混合到麵糊的表面呈現出光澤為止。

4

用擠花袋，裝上擠花口，擠出小的直徑3cm，大的直徑7cm的小圓餅，到舖了矽利康烤布的烤盤上。

5

擠完後，拿起整個烤盤，輕敲底部，讓空氣跑出來。再將檸檬皮擺在檸檬小圓餅的中央。

6

放進預熱200℃的烤箱內，關掉開關，用餘熱烤2分鐘，先讓它乾燥。然後，再用150℃~160℃烘烤。

7
中途，用手碰觸看看，若表面已變硬了，就將溫度調降到120℃，繼續烤約10分鐘，讓裡面的水分完全蒸乾。如果是較大的小圓餅，大約就需要15分鐘。烤好後，讓它就這樣留在矽利康烤布上，放涼。

檸檬奶油

1

用攪拌器混合攪開的蛋、細砂糖。再將玉米粉邊篩入，邊混合。

2

將檸檬汁、檸檬皮磨泥放進鍋內，加熱到沸騰，再1次倒入1裡。

3

過濾後，倒回鍋內，將半量的奶油加入融化，加熱到開始變得濃稠為止。

4

從爐火移開，再將剩餘半量的奶油加入混合。倒入托盤中，用保鮮膜密封，放涼。

外層

1

將小圓餅2片1組地排列好，在其中1片上擠上奶油。再將沒有擠上奶油的另1片，擺放在上面，輕壓固定。

2

直徑7cm的柳橙小圓餅，周圍擺上果肉，中央擠上奶油。最後，同樣將另1片小圓餅擺上，輕壓固定。

Tarte Pamplemousse Truffée
à la Gelée de Chocolat au Lait

葡萄柚松露牛奶巧克力塔

葡萄柚與松露？聽起來就像是很不搭調的組合。
然而，用松露來增添香味的水嫩巧克力果凍，加上葡萄柚，卻是種很出人意料之外的絕配。
葡萄柚先以糖煮過，更能夠增添它清爽的口感與風味。

Tarte Citron Vert au Sarrasin

蕎麥萊姆塔

這種塔，入口後，會讓人驚異於它那突出的濃郁萊姆香。

它的秘訣，就在於充分運用果皮，事前處理得當。

獨特之處，則是組合了奶油散發出的濃烈萊姆香，與酥餅 (pâte sablée)裡

添加的蕎麥粉那複雜的風味。

**Tarte Pamplemousse Truffée
à la Gelée de Chocolat au Lait**

葡萄柚松露牛奶巧克力塔

**直徑18cm×高3cm 的圓形中空模
1個的份量**

Pâte Brisée
油酥餅

> 低筋麵粉 ···· 187g
> 細砂糖 ···· 3g
> 鹽 ···· 3g
> 無鹽奶油 ···· 138g
> 牛奶 ···· 37g
> 蛋黃 ···· 7.5g
> ○ 參照p.44的步驟，製作油酥餅。

Compote de Pamplemousses
糖煮葡萄柚

> 葡萄柚 ···· 1個
> 水 ···· 適量
> 細砂糖 ···· 150g
> ○ 參照p.59的步驟，製作糖煮葡萄柚。

Garniture
配料

> 牛奶巧克力 ···· 120g
> ○ 牛奶巧克力切成粗塊，冷藏。

Gelée Chocolat Lait aux Truffes
松露牛奶巧克力凍

> 松露浸漬汁 ···· 125g
> 細砂糖 ···· 5g
> 果膠 (pectin) ···· 2g
> 鮮奶油 ···· 50g
> 牛奶巧克力 ···· 75g
> ○ 混合細砂糖、果膠。
> ○ 牛奶巧克力切細碎。

Décor
裝飾

> 葡萄柚果肉 ···· 1個的份量
> 杏桃鏡面果膠 ···· 200g
> 葡萄柚果皮 ···· 適量
> 松露 ···· 適量
> ○ 參照p.58，削切 (Taillage) 葡萄柚果肉。
> ○ 將葡萄柚果皮加入杏桃鏡面果膠裡，增添香味，加熱融化。

油酥餅

1 用擀麵棒將油酥餅麵糰擀成3mm厚的麵皮，再套入直徑18cm的圓形中空模內。

2 讓邊緣部分稍微有點厚度，再切除多餘的麵皮。

3 上面用烤盤紙覆蓋，壓上重物，用烤箱以190℃加熱。等到周圍開始變成金黃色，就移除重物，繼續烤到整個變成金黃色為止。最後，用刀子切除多餘的麵皮。

糖煮葡萄柚

1 將作為配料用冷藏過的牛奶巧克力，放進電動攪拌機打成粉末狀。然後，馬上加入糖煮葡萄柚裡混合。

松露牛奶巧克力凍

1 先加熱少量的松露浸漬汁。從爐火移開後，加入細砂糖、果膠，融化。

2 再次加熱，到開始沸騰時，就加入鮮奶油。再開始沸騰時，就加入剩餘所有的松露浸漬汁，加熱到沸騰。

3 將切碎的牛奶巧克力放進攪拌盆裡，再將2一點點地加入，邊用橡皮刮刀混合。

4 移到較深的容器裡，用手提電動攪拌器，充分攪拌到乳化為止。

外層

1 將已混合了牛奶巧克力的糖煮葡萄柚倒到塔內，鋪平整個表面。

2 將葡萄柚果肉對半切開，豎著排列在上面。然後，將杏桃鏡面果膠塗抹在表面。最後，放進冰箱冷藏。

3 用注射器 (piston)，讓松露牛奶巧克力凍流入果肉間，填滿。放進冰箱冷藏凝固。最後，將松露散放在表面。

Tarte Citron Vert au Sarrasin
蕎麥萊姆塔

**直徑7cm的矽利康烤模 (flexipan)
6個的份量**

Crème Citron Vert
萊姆奶油

[萊姆皮磨泥 ⋯⋯ 75g]
　萊姆皮 ⋯⋯ 10個的份量
　30度糖漿 ⋯⋯ 適量
[萊姆濃縮液 ⋯⋯ 75g]
　萊姆汁 ⋯⋯ 5個的份量
　細砂糖 ⋯⋯ 1大匙
　萊姆汁 ⋯⋯ 150cc
　蛋黃 ⋯⋯ 130g
　細砂糖 130g
　吉力丁片 ⋯⋯ 5g
　無鹽奶油 ⋯⋯ 50g
○ 參照p.59的步驟，準備萊姆皮磨泥。
○ 混合濃縮液的材料，熬煮到濃稠為止。
○ 吉力丁用水泡脹。
○ 奶油打發成膏狀。

Pâte Sablée au Sarrasin
蕎麥酥餅

　蕎麥粉 ⋯⋯ 125g
　泡打粉 ⋯⋯ 8g
　鹽 ⋯⋯ 1撮
　無鹽奶油 ⋯⋯ 87.5g
　細砂糖 ⋯⋯ 87.5g
　蕎麥茶 ⋯⋯ 8g
　全蛋 ⋯⋯ 43g
　無鹽奶油 ⋯⋯ 適量
　粗糖 ⋯⋯ 適量
　萊姆蒂部位 ⋯⋯ 3個的份量
　（頭尾兩端共6個）
○ 將蕎麥茶泡在沸騰過的熱水中約2分鐘，泡軟。
○ 從萊姆蒂週邊距離2cm的地方切下，再用直徑4cm的中空模切割。

Garniture
配料

　含籽覆盆子果醬 ⋯⋯ 適量

Décor
裝飾

　杏桃鏡面果膠 ⋯⋯ 適量
[萊姆皮的裝飾]
　萊姆皮 ⋯⋯ 1個的份量
　30度糖漿 ⋯⋯ 適量
　粗糖 ⋯⋯ 適量
　覆盆子 ⋯⋯ 6個
○ 加熱融化杏桃鏡面果膠。
○ 參照p.59的步驟，準備萊姆皮的裝飾2個。

萊姆奶油

1 混合萊姆皮磨泥、濃縮液、果汁，放進鍋內，加熱到沸騰。

2 充分混合攪拌蛋黃、細砂糖。再將已煮沸的1加入，用攪拌器充分混合。

3 倒回鍋內，加入吉力丁片，再次加熱。邊不斷地來回攪拌，邊加熱到沸騰。

4 從爐火移開，底部隔冰水冷卻。等溫度降到35℃，再將已打發成膏狀的奶油加入，用橡皮刮刀混合。

5 移到小攪拌盆內，用手提電動攪拌器充分攪拌到變成乳化。再倒到鋪上了保鮮膜的托盤裡，密封起來，放進冰箱冷藏。

蕎麥酥餅

1 混合蕎麥粉、泡打粉、鹽，再加入已用擀麵棒敲薄的奶油，用手混合。>>蕎麥粉的顆粒很細，所以不用過篩。

2 蕎麥茶瀝乾後，加入細砂糖裡，用橡皮刮刀混合。再加入全蛋混合。然後，裝入擠花袋裡。

3 在模型內側塗抹上薄薄一層的奶油，撒上粗糖。將萊姆蒂切下的斷面朝下，放入模的中央。>>這樣做，可以增添香味，並做出塔的凹槽。

4 將2擠到萊姆的周圍，一個擠完，再換另一個。然後，用烤箱以150℃，加熱20~25分鐘。

5 烤好後，脫模，去除萊姆蒂，放涼。

外層

1 將覆盆子果醬裝入擠花袋內，擠出少量到酥餅的凹槽底部。

2 萊姆奶油稍微攪拌一下，裝入擠花袋內，擠在表面上。然後，放進冷凍庫，冷藏凝固。>>擠完後，要呈圓頂狀般地高凸起來。

3 將2從冷凍庫取出，塗抹上鏡面果膠，再用萊姆皮、覆盆子作裝飾。

>>Les Autres Produits
其它重要素材

蕎麥
蓼科植物。將與小麥的穀粒般大的種子外皮除去後，用石臼等器具研磨過，再來食用。在法國，以布列塔尼 (Bretagne) 為最具代表的產地，用蕎麥粉作成的可麗餅，也是當地的名產。由於它不含小麥筋蛋白 (gluten)，所以烘烤後的成品，口感非常細密。此外，蕎麥茶，是用蕎麥的整個顆粒，烘焙而成。

Oranges Sanguines

紅橙慕斯蛋糕

紅橙的魅力，來自於它的風味，及那鮮紅色的果汁。這道甜點，添加了金巴利 (Campari) 利口酒的果凍，
漂亮的紅色覆蓋住整個表面，很有夏季的味道。
煙捲麵糰 (Pâte à Cigarette) 所作成的條紋狀外觀，帶著濃厚的大都會氣氛。
這種蛋糕，雖然主要是由慕斯與果凍這兩種質地柔軟的部分構成的，週邊的喬康地 (Joconde)，
則是支撐起整個蛋糕的重要部分。

直徑**18**cm×高**4.5**cm 的圓形中空模
1個的份量

Pâte à Cigarette
煙捲麵糊

　無鹽奶油 ···· 20g
　糖粉 ···· 20g
　蛋白 ···· 18g
　低筋麵粉 ···· 20g
　食用色素 (紅、黃) ···· 各適量
○ 奶油打發成膏狀。

Biscuit Joconde Rayé
混合喬康地比斯吉

A:糖粉 ···· 100g
　杏仁粉 ···· 100g
　全蛋 ···· 3個
　低筋麵粉 ···· 30g
　融化奶油 ···· 20g
B:蛋白 ···· 120g
　細砂糖 ···· 60g
○ 混合A的粉類,過篩。
○ 打發B,製作蛋白霜。

Gelée Oranges Sanguines
紅橙果凍

　白酒 ···· 400g
　細砂糖 ···· 90g
　吉力丁片 ···· 15g
　紅橙汁 ···· 125g
　金巴利 ···· 50g
○ 吉力丁用水泡脹。

Mousse Oranges Sanguines
紅橙慕斯

　細砂糖 ···· 25g
　水 ···· 10g
　蛋黃 ···· 2個
　紅橙果凍 ···· 75g
　紅橙汁 ···· 75g
　吉力丁片 ···· 6g
　鮮奶油 ···· 100g
○ 蛋黃攪開。
○ 吉力丁用水泡脹。
○ 鮮奶油輕輕地打發一下,放進冰箱冷藏。

Feuilletine Chocolat
菲勒堤內巧克力

　白巧克力 ···· 60g
　菲勒堤內 (Feuilletine) ···· 20g

Décor
裝飾

　紅橙 ···· 2個
　葡萄糖 ···· 適量
○ 參照p.58、p.59的步驟,準備果肉、果皮的裝飾1、果肉的裝飾2。

煙捲麵糊

1
依序將糖粉,蛋白加到奶油裡,充分混合。

2
加入低筋麵粉,輕柔地混合,注意不要結塊了。＞＞如果含有大量空氣,麵糊的氣泡就會變大,而做不出漂亮整齊的紋路。所以,不要用攪拌的方式來混合。

3
適度地加入食用色素 (紅、黃),調出紅橙的顏色。

4
倒在矽利康烤布上,攤開成薄薄的一層。用大的溝紋刮板,作出條紋來。然後,放在烤盤上,放進冷凍庫,冷藏凝固。

混合喬康地比斯吉

1
混合A的粉類、全蛋,用攪拌器打發到顏色泛白,質地變得濃稠為止。然後,加入低筋麵粉,用橡皮刮刀迅速混合。

2
將少量的1加入融化奶油裡,混合均勻,再倒回剩餘的1裡,用橡皮刮刀迅速混合。

3
將2加入蛋白霜裡,用橡皮刮刀攪拌到沒有結塊為止。

4
將一部分的3倒入小攪拌盆裡,充分攪拌,壓碎氣泡,讓它整個變液化。＞＞用來填入條紋間縫隙的麵糊,只要將氣泡壓碎,讓麵糊質地變得更滑順,烘烤好後的蛋糕,就會很綿密漂亮。

5
將4倒在變硬的煙捲麵糊 (Pâte à Cigarette) 上,再用抹刀按壓,讓空氣跑出來,將它抹開攤平。

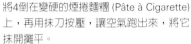

6
將3的麵糊倒上去,整個鋪滿平攤在烤盤上。然後,用200℃烤約略少於15分鐘。＞＞這個部分,就不需將氣泡壓碎,只要輕柔地抹平即可。

紅橙果凍

1
將白酒、細砂糖放進鍋內,加熱到沸騰。

2
倒入攪拌盆裡,加入吉力丁。再加入紅橙汁、金巴利混合,然後,底部隔冰水冷卻。＞＞接下來,馬上繼續進行組裝的步驟2,整個作業流程就會很順暢。

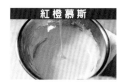

紅橙慕斯

1

加熱溶解細砂糖、水，到115℃為止。然後，倒入已攪開的蛋黃裡，用攪拌器，邊混合，邊打發到顏色泛白，質地變得濃稠為止。

2

將紅橙磨泥、紅橙汁放進鍋內，稍微加熱。然後，關火，將用水泡脹的吉力丁放進去融化。再用濾網過濾。

3

趁還有點微溫的時候，將2的半量加入1裡。

4

將剩餘半量的2倒入稍微打發過的鮮奶油裡，用橡皮刮刀，混合到沒有結塊為止。
＞＞打發到用橡皮刮刀舀起鮮奶油，也不會殘留痕跡般的柔軟度為止。此外，這樣做，在與3混合時，由於柔軟度相當，混合起來就比較不會結塊了。

5

用橡皮刮刀，迅速混合3與4，以便繼續進行組裝的步驟。＞＞為了避免鮮奶油融化，4以後的步驟，在即將進行組裝的步驟前，才進行即可。

組裝

1

將保鮮膜緊密服貼，毫不起皺地張貼在直徑18cm圓形中空模的底部。然後，倒入少量的果凍，放進冷凍庫，急速凝固。

2

將紅橙果肉呈放射狀排列在表面上。再倒入果凍，到由上往下約距離3cm的高度為止。然後，放進冰箱，冷藏凝固。

3

將喬康地比斯吉 (Biscuit Joconde) 翻面攤開，先想想如何擺放才能做出漂亮的紋路來，再切成寬3cm的帶狀。然後，再從剩餘的部分，切出直徑16cm、17cm的兩塊圓形來。

4

先在2的圓形中空模的內側，由上往下距離3cm的部分稍微塗抹上奶油，再將比斯吉套入模的內側裡。套入時，盡量不要留有縫隙，邊按壓，讓它緊貼，共約需用到1.5塊的帶狀比斯吉，貼在模內側。

5

從上倒入少量的慕斯，當作黏著劑，均勻地分布在表面上後，再將直徑16cm的比斯吉擺上去，輕壓固定。

6

從上倒入慕斯，到距離上面1cm的高度為止。

7

將剩餘的慕斯，塗抹少量在直徑17cm的比斯吉上，再將菲勒堤內巧克力 (Feuilletine Chocolat) 黏貼上去，稍微冷藏固定。

8

將7的菲勒堤內巧克力那面朝下，疊放在6上，輕壓。擺上襯紙，放進冷凍庫，冷藏凝固。然後，連同襯紙一起，倒扣，脫模，最後擺上裝飾。

＞＞Feuilletine Chocolat
菲勒堤內巧克力的作法

菲勒堤內 (Feuilletine)，又名「乾燥可麗餅 (Crêpe Séchée)」。乾燥過後，薄脆的質地，吃起來像脆片的口感，是市面上販售成品的特徵。本書中的這道甜點，則是將菲勒堤內加入融化的白巧克力裡混合，再利用圓形中空模做成圓形，放進冷凍庫內，冷藏凝固後，再拿來用。

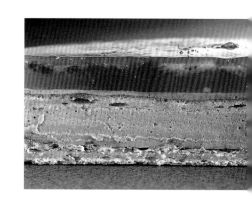

Rhubarbe

大黃

英: Rhubarb
日: 食用大黃

>>Produit Congelé
／冷凍品

大黃在去皮後，適當地切成圓柱形，再冷凍保存，就很方便在加熱烹調時使用了。由於它是種幾乎不用來生食的素材，所以，現在即使是在法國，冷凍的大黃也比新鮮的大黃，在廚房裡出現的機率高得多。

大黃用來食用的部分是連著大葉片的莖的部位。由於它的酸味與檸檬很相近，烹調的時候，又常常會加入砂糖一起加熱，所以，有時也會被誤認為是一種果實，其實，它是與蕎麥或酸模同類的一種蔬菜。它那獨特而強烈的酸味，在做成法式糕點 (Patisserie) 後，更能夠發揮出它的味道特性來。

○歷史 · 產地

大黃為原產於北亞 (西藏或蒙古) 的植物，在植物學上，為蔬菜類。由拉丁文原為「異鄉人的根」之意，亦可得知，最初它會受到矚目，是由於具有藥效的功能。到了18世紀，才開始被當作料理用的素材來使用。在北美地區，直到19世紀，才開始被食用。

○分類 · 形狀

大黃與酸模、蕎麥屬同類的植物，在紅色、粉紅，或綠色的莖上，連著寬大葉脈的葉片。用來食用的，就是莖的部分，而它的外側就像芹菜一樣，含有大量的粗纖維。內側雖然也含有豐富的纖維質，質地則比較柔軟。

○味道的特徵

大黃具有非常強烈的酸味，可以說有著和檸檬或薑一般的刺激性。由於它沒有什麼香味，所以，通常都是加砂糖做成果醬 (Confiture) 或糖煮 (Compote) 後，再用來製作法式糕點(Patisserie)。

○產季與挑選

大黃的品種很多，產季則大多集中在5月至7月間。冷凍品或果醬，則是一整年中皆可買得到。選購新鮮的大黃時，請挑選葉柄堅硬，莖的部分質地硬實者。

○保存法

大黃是種在採收後，就會迅速變質的素材。所以，請放置冰箱保存。熬煮過，或只是去皮切塊，都適合用冷凍來保存。

○運用技巧

加工做成糖煮 (Compote) 或果醬 (Confiture) 的大黃，可以用來製作派、蛋糕、瑪芬，或冰淇淋。大黃也很適合與其它的水果做搭配組合，若是與草莓、蘋果等，甜味比酸味還突出的水果做搭配，就更能相互輝映，突顯特點了。

Dôme Fraise-Rhubarbe

大黃草莓圓頂蛋糕

帶有強烈酸味的大黃，配上酸甜味的草莓，具有相互加分的效果，這樣的組合，
更能夠讓風味整個突顯出來。
質地濕潤的達垮司（Dacquoise），加上口感滑順的草莓奶油，與混合了糖煮大黃的圓頂蛋糕，
吃完後，留在口中的酸味，讓人印象深刻。

直徑16cm × 高4.5cm 的圓形中空模
1個的份量

Dacquoise
達垮司

 A：蛋白 ···· 150g
 　　細砂糖 ···· 60g
 　　開心果糊 ···· 20g
 　　無鹽奶油 ···· 20g
 B：杏仁粉 ···· 90g
 　　糖粉 ···· 60g
 　　低筋麵粉 ···· 30g
 ○ 打發A，製作蛋白霜。
 ○ 將奶油放進鍋內，加熱到變成黃褐色，
再用濾紙過濾。
 ○ 混合B的粉類，過篩。

Compote de Rhubarbe
糖煮大黃

 　　大黃 ···· 300g
 C：細砂糖 ···· 200g
 　　水 ···· 200g
 　　細砂糖 ···· 適量
 ○ 加熱C，製作糖漿。

Fraises Semi-Confites
草莓半果醬

 　　細砂糖 ···· 300g
 　　水 ···· 100g
 　　草莓 (新鮮) ···· 200g
 ○ 參照p.154的步驟，製作半果醬。

Crémeux Fraise
草莓奶油

 　　草莓泥 ···· 200g
 　　細砂糖 ···· 30g
 　　吉力丁片 ···· 6g
 　　鮮奶油 ···· 100g
 ○ 吉力丁用水泡脹。

Décor
裝飾

 　　糖粉 ···· 適量
 　　草莓 ···· 適量
 　　吉力丁片 ···· 適量
 　　無色鏡面果膠 (Nappage Neutre)
 　　　···· 適量
 　　大黃 ···· 適量
 ○ 草莓切成細碎，吉力丁用水泡脹後，
再隔熱水融化。再個別加入無色鏡面果膠
裡混合。
 ○ 大黃去皮，縱向切成薄片，再參照p.155，
製作成乾燥大黃。

達垮司

1

取少量A的蛋白霜，與開心果糊、焦奶油
充分混合。

2

切成大塊。

2

將1倒回剩餘的蛋白霜裡，稍加混合，再
將B的粉類加入，用橡皮刮刀，迅速
混合。

3

將大黃放進材料C的糖漿裡，煮2~3分鐘。

3

將圓形中空模放在鋪了矽利康烤布的烤盤
上，沿著圓形中空模，將麵糊擠出，做成
花瓣的形狀。中央則擠成薄薄平坦的
一層。

4

變軟後，用濾網撈起，瀝乾。

4

用烤箱，以170℃，烤20~30分鐘。如果
能夠放進冰箱，冷藏約半天，讓達垮司的
質地保持濕潤，就更好了。

5

放進湯鍋內加熱，中途撒些細砂糖進去，
讓表面變得有點焦糖化，味道變得更甜。

糖煮大黃

1

大黃去皮。

6

移到托盤內，放涼。

草莓奶油

1

將少量的草莓泥、細砂糖、吉力丁片放進攪拌盆內，隔熱水加熱融化。

2

先將半量的草莓泥加入1裡混合，再倒回剩餘的草莓泥裡混合。

3

一點點地加入鮮奶油裡，先用攪拌器輕輕混合，再改用橡皮刮刀，混合到沒有結塊為止。

組裝

1

將草莓奶油倒入直徑14cm的攪拌盆內，到約1/3的高度，放進冷凍庫，冷藏凝固。然後，將草莓半果醬緊密地排列在上面，週邊留下約距離盆緣1cm的空間。

2

將剩餘的草莓奶油倒入，到剛好看不到草莓的高度為止，再放進冷凍庫，冷藏凝固。等到整個都凝固後，就從攪拌盆移開，再放進冷凍庫保存。

3

將達垮司脫模，在表面、側面撒上糖粉。

4

將糖煮大黃擺滿中央凹下的部分上。

5

將2放在架空在托盤上的網架上，淋上混合了草莓與吉力丁的鏡面果膠。

6

將5擺在達垮司上。

7

草莓切塊，用無色鏡面果膠塗抹後，擺上去作裝飾。然後，再擺上撒過糖粉的乾燥大黃作裝飾。

Figue

無花果

英: Fig

日: イチジク

>>Semi-Sèche
／半乾燥

藉由浸透壓，而非乾燥的方式來脫水，製作而成的含水分加工品。就這樣拿來吃，濕潤而易入口，若是加工作成糖煮無花果，湯汁也很容易入味。

在還沒有砂糖可用的時代，無花果曾經被當作甜味調味料來使用。由此可知，它的味道有多甜。它的果肉很柔軟，吃起來又可感覺到種籽的顆粒，口感絕佳，在歐洲，是種自古以來即被食用的一種水果，而深紫色的外皮，更令人印象深刻。乾燥的無花果，味道更甜，常被用來製作法式糕點 (Patisserie)。

○歷史 · 產地

原產於亞洲的植物，據說在西元前2000年即已開始被栽種。最初，是以地中海沿岸為中心點，栽培地區逐漸擴散開來。由於營養價值高，被認為具有藥效，所以，自羅馬時代起，即非常受到重視。在還沒有砂糖可用的時代，也曾被當作甜味的調味料來使用。此外，也有紀錄顯示，腓尼基人曾攜帶乾燥的無花果，當作航海時的能源來使用。

○分類 · 形狀

無花果樹，為蓼科的大型樹木。用來食用的無花果，在植物學上，並不是果實，而是含有無數柔軟小種籽(瘦果)，多肉的花托部分。在頭小尾大的求形頂端，連接著蒂的部分，薄薄的表皮下為白色的果肉部分，而內側則佈滿了瘦果。大致上，可以分類成味道較甜，水分含量較少的黑無花果，與皮薄多汁的綠無花果，還有既多汁又甜的紫無花果三種。

○味道的特徵

無花果的果肉很柔軟，由於不含芯的部分，所以，整體的質地就非常地柔軟。表皮很薄，可以食用，果肉非常地甜美。吃的時候，雖然可以感覺得到種籽的顆粒，但是，由於質地柔軟，不用咬也會自己碎掉。

○產季與挑選

依品種而有所不同，成熟季節為夏季或秋季。產季為6月～11月，盛產期間很短。選購新鮮的無花果時，請挑選莖的部分堅硬，果實柔軟，與外皮緊貼者，避免挑選顏色暗淡，有損傷者。乾燥的無花果，以不具香味，柔軟度適中者，使用起來較為便利。

○保存法

無花果，由於糖度較高，易腐壞，質地又很柔軟，易損傷，所以，很難運送到遠地。如果要作生食，即早時用為佳。或者，先用糖漿熬煮，加工成糖煮無花果等，來保存，會比較適當。

○運用技巧

由於無花果是種甜度很高的素材，既可以生食，還可以用酒來熬煮，或用糖來熬煮，再以酒或香料來調製成風味複雜的加工品。乾燥無花果，若是先混合到蛋糕、烘烤式甜點等麵糊裡，就很能發揮出它的原味來了。

Cake aux Figues

無花果蛋糕

這是種以無花果為主，將整顆無花果嵌入水果蛋糕的中央，切開時會呈現出漂亮切口的磅蛋糕。
香濃甜美的無花果，加上丁香、八角，或果皮的酸味等淡淡地香味來調味，
就可以讓它的味道更加地豐富了。

16cm×10cm×深7cm 的磅蛋糕模
1個的份量

Complte de Figues
糖煮無花果

無花果 (半乾燥) ···· 200g
紅酒 ···· 300g
蜂蜜 ···· 30g
八角 ···· 1/2個
丁香 ···· 2個
檸檬皮 ···· 1/2個的份量
蘋果皮 ···· 1/2個的份量

Pâte à Cake
蛋糕麵糊

無鹽奶油 ···· 250g
A：糖粉 ···· 250g
　　四合一香料 (Quatre Epices) (粉末＊)
　　　 ···· 2g
B：全蛋 ···· 3個
　　蛋黃 ···· 2個
C：低筋麵粉 ···· 250g
　　泡打粉 ···· 5g
　　檸檬皮 ···· 1個
○ 將奶油打發成膏狀。
○ 分別混合A的粉類、C的粉類，過篩。
○ 混合B的蛋，攪開。
○ 檸檬皮磨泥。
＊ 即混合了胡椒、荳蔻、丁香、薑的粉末，調製而成的香料。

Glace à l'Eau
水糖衣

翻糖 (fondant) ···· 1大匙
水 ···· 30g
糖粉 ···· 200g
檸檬汁 ···· 20g

Décor
裝飾

白芝麻 ···· 適量
無色鏡面果膠 ···· 適量
無花果 (半乾燥) ···· 適量
肉桂 ···· 適量
八角 ···· 適量
丁香 ···· 適量
檸檬皮 ···· 適量

>＞Les Autres Produits
其它重要素材

翻糖 (fondant)
糖衣的一種，砂糖與少量的水一起加熱後，用力攪拌並讓它慢慢冷卻，變成細緻的結晶糊狀。市售品中，也有的會再加入蛋白或凝固劑等，以提高它的黏度。

糖煮無花果

 1
用竹籤在無花果上刺，以讓紅酒可以充分入味。

 2
放進鍋內，不要疊放，再將其它的材料放進鍋內，一起加熱。

 3
用小火熬煮到紅酒變成半量，無花果吸飽紅酒，整個脹大為止。

蛋糕麵糊

 1
將A的粉類分成3～4次加入已打發成膏狀的奶油裡，邊將空氣打進去，混合成輕柔鬆軟的狀態。

 2
將B已攪開的蛋汁，在沒有分離的狀態下，一點點地加入混合，留意不要讓它結塊了。

 3
混合到像照片中般，而且沒有結塊的狀態時，再加入檸檬皮混合。

 4
加入半量C的粉類混合。到整個快要混合好時，再將剩餘的半量加入，用橡皮刮刀，迅速混合到完全沒有結塊為止。

 5
將麵糊擠到模型中，中央先作成凹槽狀，以便將無花果擺在中央。

 6
將無花果緊密地排列進去。

 7
從上面將麵糊擠出，到幾乎看不到無花果為止，再從上撒下白芝麻，放進烤箱，以170℃，烤約45分鐘。

 8
用竹籤插看看，如果沒有麵糊沾黏在上面，就表示已烤好了。

水糖衣

 1
用水稀釋翻糖，再撒入糖粉混合。然後，加入檸檬汁混合。如果還沒有要使用，就用保鮮膜蓋上，以防乾燥。

外層

 1
等到蛋糕完全散熱後，就放到鋪放了網架的烤盤上，表面塗滿水糖衣。

 2
用200度，加熱約1分鐘，將水分蒸乾，作出結晶的砂糖膜。最後，用塗抹了無色鏡面果膠的無花果、香料作裝飾。

Figue au Vin Rouge

紅 酒 糖 煮 無 花 果

這道糖煮甜點，將無花果本身的甜味發揮到極至，再加上葡萄酒、香料的香味，
可以說是最具代表性的無花果甜點組合了。
這道冰涼的甜點，在加上了鮮奶油，與果凍後，看起來更加地水嫩而吸引人。
添加上閃亮的白酒凍，讓它更適合成為一道初夏的清涼甜點。

直徑8cm的烤杯8個的份量

Complte de Figues
糖煮無花果

[糖漿]
　紅酒 ···· 1/2瓶
　水 ···· 紅酒1/2瓶的份量
　橙皮 ···· 1/2個
　檸檬皮 ···· 1/2個
　細砂糖 ···· 250g
　肉桂 ···· 1支
　無花果 ···· 8個

Gelée Vin Blanc
白酒凍

　吉力丁片 ···· 6g
　水 ···· 100g
　細砂糖 ···· 25g
　白酒 ···· 120g
○ 吉力丁片用水泡脹。

Gelée Vin Rouge
紅酒凍

　糖煮無花果的糖漿 ···· 300g
　吉力丁片 ···· 4g
○ 吉力丁片用水泡脹。

Garniture
配料

A:鮮奶油 ···· 100g
　細砂糖 ···· 20g
　康圖酒 ···· 適量
　薄荷葉 ···· 適量
○ 混合A，打發，製作打發奶油
(crème chantilly)。

糖煮無花果

1 將糖漿的材料全放進鍋內，加熱到沸騰。

2 加入白酒。隔冰水散熱。

2 加入無花果。蓋上紙蓋，調成小火。

3 倒入托盤內，放進冰箱冷藏凝固。等到凝固後，就切成細碎片。

3 加熱熬煮到用手觸摸無花果時，感覺很柔軟的程度為止。

紅酒凍

1 趁熱混合熬煮無花果的糖漿，與吉力丁，讓它融化。底部隔冰水，邊混合到變得濃稠為止。然後，倒入烤杯底部，薄薄的一層，再用瓦斯噴槍等，去除氣泡。然後，放進冰箱冷藏凝固。

4 從爐火移開，放涼，再放進冰箱保存。

外層

1 將糖煮無花果的尾端朝下，擺在網架上，讓內部的水分瀝乾。

白酒凍

1 加熱吉力丁、水，等吉力丁融化後，再加入砂糖，讓它溶解。等到砂糖也溶解後，就移到攪拌盆內。

2 將打發奶油裝入擠花袋內，再擠入無花果內，到整個脹起為止。放進冰箱冷藏。再擺到烤杯中，周圍澆入紅酒凍，表面上用白酒凍作裝飾。最後，插上薄荷葉。

Fruit de la Passion

百香果

英: Passion Fruit
日: トケイソウ

百香果色彩鮮豔，一剖開，就會立即散發出香氣來。它很能傳達出異國的風情，可以說是這類水果中，最具代表的一種。它那強烈的酸味，用來作成法式糕點 (Patisserie) 時，很難讓人忽略它的存在。另外，在此所介紹的其它個性鮮明的異國水果，也很常被用來製作成冰品，或水果沙拉等簡易的甜點。

○歷史 ‧ 產地

百香果原產於巴西，現在，紐西蘭、美國、馬來西亞、西印度諸島等，許多熱帶地區都有栽種。它的名稱，是最初發現這種植物的西班牙傳教士所取的，源自於它的花形與耶穌受難 (passion) 所作的聯想。

○分類 ‧ 形狀

百香果為西番蓮科的藤本植物，可以開出漂亮的花朵。一般市面上所販賣的百香果，以雞蛋大小的尺寸居多，果皮厚而表面光滑。還未成熟時，外皮呈黃色，光滑而有光澤。成熟時，外皮就會變成褐色，而且有點起皺。果肉為鮮豔的橙黃色，但也有的是白色。果肉包著一顆顆數不盡可以食用的黑色種籽。

○味道的特徵

百香果的香氣濃郁，但味道非常酸。果肉的質地像吉力丁，吃起來味道很清爽。若是用湯匙，連同種籽舀起來吃，種籽在口中被咬碎的口感，令人感到非常過癮。

○產季與挑選

生長在熱帶地區的百香果，1整年都可結果。日本產的百香果，則是從初夏到整個夏季都可買得到。選購時，請挑選表皮起皺，無損傷，較重者。

○保存法

成熟的果實，就這樣連著皮，放進冰箱冷藏保存。若是將果肉分開冷凍，只要包裝得當，就可以貯藏數月。

○運用技巧

百香果可以對半切開，加上砂糖來食用，或用來製成冰沙、果凍、冰淇淋等，可以輕易地發揮出百香果味道特性的甜點。此外，它也是種很適合用來與巧克力作搭配的素材。一般而言，加工成糊狀的百香果，用來製作法式糕點 (Patisserie)，會比較便利。

>>Kiwi/奇異果

據說可能原產於中國，到了20世紀時，大洋洲地區開始大量栽種，成為這個地區特產的一種水果。奇異果佈滿細小纖毛的薄皮下，是多汁而香氣濃郁，帶著酸味的綠色果肉，中央則是芯，與細小的黑色種籽。大多用來生食。此外，也常被用來製作水果沙拉、塔等簡易的甜點。

>>Ananas/鳳梨

鳳梨，實際上是由被稱為「果目」的一個個小果實聚集而成的大果實。即使是生食，味道也很香甜美味。但是，也很適合加工作成乾燥鳳梨，或糖漬鳳梨。在南國風味的料理中，常可見到鳳梨。

>>Papaye/木瓜

木瓜是生長在熱帶與亞熱帶地區的早熟植物，1整年都會結果。通常形狀像洋梨，重量從100g以下，到數公斤都有，種類繁多。市面上販賣的木瓜，為比較小的品種。果肉很柔軟，具有像哈密瓜般的甜味。內含許多被黏液物質包裹著的種籽。

>>Mangue/芒果

芒果為漆樹科，與開心果是相近的植物，生長在熱帶地區。芒果在日本大致上可分為菲律賓芒果 (鵝鑾芒果) 與愛文芒果 (蘋果芒果) 兩種，前者呈黃色扁平的球形，後者為深紅色球形，中間都有很大的種籽。若是食用果皮，可能會引起口部發炎，請特別留意。

Passion

激情

百香果那帶著濃厚異國風情的香氣與酸味，很適合用來作成清涼的冰沙，和冰淇淋等冰涼的甜點。
這種水果，與其和甜味的素材作搭配，倒不如和同樣具有酸味的莓類水果，或優格作搭配，
整體味道會讓人感覺更加地協調。
這是道由鮮豔的黃、紅、白三色，所組成的漂亮甜點。

Passion

激情

直徑**20**cm × 高**6**cm 的圓形中空模
1個的份量

Biscuit Pistache
開心果比斯吉

A:杏仁粉 ···· 113g
　糖粉 ···· 113g
　開心果糊 ···· 40g
　全蛋 ···· 3個

B:蛋白 ···· 4個的份量
　細砂糖 ···· 25g
　低筋麵粉 ···· 30g
　融化奶油 ···· 30g
○ 混合A的粉類，過篩。
○ 打發B，製作蛋白霜。

Pâte de Fruits Framboise
覆盆子軟糖

覆盆子泥 ···· 100g
葡萄糖 ···· 30g
果膠 (pectin) ···· 2g
細砂糖 ···· 20g
細砂糖 95g
酒石酸或檸檬酸 ···· 1g
糖粉 ···· 適量
櫻桃白蘭地 ···· 適量
○ 參照p.29的步驟，製作軟糖 (Pâte de Fruits)。用糖粉當作手粉，切成5mm的小方塊。然後，灑上櫻桃白蘭地，放進冷凍庫冷藏。

Sorbet Friut de la Passion
百香果冰沙

細砂糖 ···· 325g
安定劑 ···· 4g
水 ···· 600g
葡萄糖粉 ···· 75g
百香果泥 ···· 500g

Sorbet Crémeux Fraise-Framboise
草莓覆盆子奶油冰沙

30度糖漿 ···· 500g
安定劑 ···· 5g
草莓泥 ···· 350g
覆盆子泥 ···· 150g
鮮奶油 ···· 100g

Mousse Glacée Yaourt
優格慕斯冰

優格 ···· 350g
香草籽 ···· 1支的份量
檸檬汁 ···· 10g
鮮奶油 ···· 200g

[義式蛋白霜]
蛋白 ···· 50g
細砂糖 ···· 20g
細砂糖 ···· 80g
水 ···· 30g
○ 參照p.150～151的步驟，製作義式蛋白霜。

Décor
裝飾

含籽覆盆子果醬 ···· 適量
[鏡面果膠]
杏桃鏡面果膠 ···· 100g
葡萄糖 ···· 150g
百香果泥 ···· 35g
食用色素 (紅) ···· 適量
百香果、草莓、覆盆子、醋栗
(groseille) ···· 各適量
○ 融化混合鏡面果膠。再取出少量，與食用色素 (紅) 混合。

＞＞Les Autres Produits
其它重要素材

安定劑
溶解於水中，或藉由分散來產生黏性的高分子物質，總稱為「增黏安定劑」。主要由膠的成分、果膠、寒天、吉力丁等，依各種不同的用途，配製成可凝固成果凍狀的「凝固劑」、使用少量即能增高黏度的「增黏劑」、或能夠增強黏度調勻質地的「安定劑」。用於製作冰淇淋的，為後兩者。

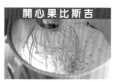
開心果比斯吉

1
將A的粉類放進攪拌機內，加入開心果糊，用低速攪拌混合。

2
等開心果糊、粉類混合成很濕潤的狀態時，就將全蛋分成2次加入，用低速打發到泛白為止。

3
移到攪拌盆內，先舀些蛋白霜進去混合，再將剩餘的蛋白霜全加入，迅速混合。

4
在蛋白霜還沒完全混合好前，撒入低筋麵粉，繼續混合。

5
將一部分4加入奶油裡，充分混合，即使弄破氣泡也沒關係。然後，倒回剩餘的4裡，混合到沒有結塊為止。＞＞如果一次與奶油整個混合，奶油就會沉澱在麵糊的底部，變得很難混合。

6
倒到烤盤上，用抹刀抹攤開來。

7

將烤盤周圍的麵糊擦拭乾淨，放進烤箱，以200℃，加熱約7~8分鐘。>>另外，用直徑18cm的中空模來烘烤麵糊。

百香果冰沙

1

用約1/5量的細砂糖與安定劑混合。>>安定劑容易產生結塊，但是，如果先和細砂糖混合，就能夠容易地與其它材料混合在一起了。

2

加熱水，再將剩餘的細砂糖、葡萄糖粉加進去。等溫度到達35~40℃時，再將1加入，繼續加熱到沸騰。

3

沸騰後，就從爐火移開，隔冰水冷卻。冷卻後，與百香果泥混合，放進冰淇淋機裡攪拌。

草莓覆盆子奶油冰沙

1

將糖漿放進鍋內加熱，溫度到達35~40℃時，加入安定劑。溶解後，在還沒沸騰前，從爐火移開。>>冰沙的糖度，大約是最後在18度左右。如果可以調成這樣的糖度，用砂糖加水，或糖漿來製作皆可。

2

混合草莓泥、覆盆子泥後，再將1倒入混合。然後，加入鮮奶油，混合到沒有結塊，再放進冰淇淋機裡攪拌。

優格慕斯冰

1

將香草籽放入優格裡，用攪拌器混合。再加入檸檬汁混合。

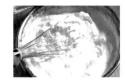

2

將義式蛋白霜加入打發到6分的鮮奶油裡，迅速混合，注意不要弄破氣泡了。

3

將部分的2加入1裡，充分混合。然後，倒回剩餘的2裡，迅速混合。>>注意不要讓它結塊，最後，用橡皮刮刀，輕輕地上下來回般地混合。為了防止氣泡消失，最後這個部分，在要組裝前才進行即可。

組裝

1

將紙從烤好的比斯吉上撕除，再將比斯吉切成4等份。然後，將含籽覆盆子果醬放到比斯吉朝上烤好的那面上，用刀子抹平。

2

再將另一塊比斯吉疊在果醬上，再塗抹上果醬。重複這樣的步驟2次，將4塊比斯吉都疊上去後，最上面再塗抹上果醬。然後，放進冰箱冷凍。

3

先切成寬3.5cm的棒狀，再切成厚5mm的薄片。

4

緊密地排列在直徑20cm圓形中空模的內側，要讓果醬與比斯吉看起來層次非常分明。

5

將用直徑18cm圓形中空模烤好的比斯吉切成厚1cm的薄片，鋪在底部。然後，擠上草莓與覆盆子奶油冰沙，表面用抹刀整平，放進冰箱冷凍。

6

冷凍凝固後，再將優格慕斯冰擠上去，到與周邊的比斯吉一樣的高度為止，再將表面整平，放進冰箱冷凍。

7

將百香果冰沙放上去，用抹刀按壓整平，不留縫隙。在還沒完全填滿前，先將軟糖散放上去。

8

然後，繼續用冰沙完全填滿，放進冷凍庫冷藏凝固。從上淋上鏡面果膠，再將用食用色素調色過的鏡面果膠擠成漩渦狀，用竹籤繪出翅膀的花紋來。然後，脫模，將各種水果擺上去，作裝飾。

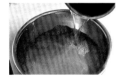

Les Fruits Secs

堅 果

Châtaigne et Marron

栗子

英: Chestnut
日: クリ

>>**Pâte de Marron**
／栗子糊

>>**Crème de Marron**
／栗子奶油

這兩種都是加熱栗子後，加工成糊狀的製品。但是，栗子糊 (左圖) 為加入了保存所需程度的砂糖或葡萄糖 (glucose)等，風味自然的糊狀製品。栗子奶油 (右圖)，則是加了砂糖來增加甜度，調製成柔滑質地的製品。依不同的用途，來分別使用這兩種加工品。

栗子是種顆粒較大的樹木的果實，被毛茸茸的外皮包裹起來，味道很甜，澱粉含量為40%，吃起來口感柔和而帶點嚼勁的素材。1個毬果內有3顆栗子的，稱之為「Châtaigne」，經過品種改良，1個毬果內只有1顆大的栗子的，稱之為「Marron」。在法國，路邊賣的烤栗子，是冬天常見，非常詩情畫意的畫面。

○歷史・產地

原產於地中海與小亞細亞，是最具有說服力的說法。從史前時代開始，這兩個地區的居民，就常食用栗子。而在法國南部、義大利、北非等地中海沿岸地區，栗子也被當作主食，用來煮湯，或燉煮，除了被用來做法式糕點 (Patisserie)之外，也常被加工成粉末來使用。

○分類・形狀

栗子樹為殼斗科，可長到10幾公尺以上的高度，在連接葉片的的莖部，會長出數個毬果來，這就是它的果實。毬果中，通常會有3個由褐色硬殼 (果皮) 包裹著的平面果實，裡面就是表面起皺，被褐色薄皮包裹著，用來食用的果仁。大致上可分為日本栗子、中國栗子、歐洲

栗子三種。其中，歐洲栗子 (Marron，西洋栗)是經過品種改良，以作為料理素材使用，毬果中只含有1顆栗子。由於顆粒大，很適合用來加熱。

○味道的特徵

栗子的果皮很硬，不能用來食用。剝皮後，去掉薄皮的果仁，通常用水煮，或烤後再吃。在果仁類當中，屬澱粉與水分含量較高，脂肪含量較少者，富彈性，又具有嚼勁，甜味中帶點清香。

○產季與挑選

栗子的產季在9月~11月間。選購時，請挑選既硬又重，外殼豐滿有張力，帶有光澤者。如果是既輕又柔軟，殼上起皺者，就不太新鮮了，請避免挑選這樣的栗子。

○保存法

請保存在涼爽乾燥的地方，以防止長蟲。去皮加熱過的栗子，可放置冰箱保存2~3日。如果是乾燥過，或水煮過的栗子，經過一段時間後，就會變硬。栗子可以冷凍保存。帶殼的新鮮栗子，可放在室溫下保存1週。

○運用技巧

栗子的味道，豐富引人，最佳的方式，就是用簡單的調理方式，來發揮出它的原味來。將栗子浸漬在糖漿中，讓它包裹上糖衣所製成的糖栗子，就是道知名的栗子甜點。除此之外，還可用來製作冰淇淋，或派等。製作法式糕點 (Patisserie)時，也常使用栗子糊 (Pâte de Marron)，或栗子奶油 (Crème de Marron)。蛋白霜加上栗子糊與打發奶油，所組合而成的「蒙布朗 (Mont-Blanc)」，在日本，就很受到大眾的喜愛。

Mont-Blanc

蒙布朗

一提到栗子，就會讓人立刻聯想到蒙布朗。在日本，可以說是數一數二，最受歡迎的法式甜點。
它是由100%發揮出栗子原味的濃厚栗子奶油，加上蛋白霜、比斯吉、打發奶油等組合而成，
可以說是將栗子的優點發揮得淋漓盡致。

Mont-Blanc

蒙布朗

蒙布朗6個的份量

Meringue Franèaise
法式蛋白霜

A:蛋白 ···· 100g
　細砂糖 ···· 100g
　糖粉 ···· 100g
○ 將A放進攪拌機內打發，製作底部的蛋白霜。

Biscuit Cuillère
湯匙比斯吉

B:蛋白 ···· 2個的份量
　細砂糖 ···· 35g
　蛋黃 ···· 2個
　低筋麵粉 ···· 35g
　糖粉 ···· 適量
○ 打發B，製作蛋白霜。

Crème Chantilly
打發奶油

　鮮奶油 ···· 200g
　糖粉 ···· 10g
○ 一起打發鮮奶油、糖粉。

Crème Marron
栗子奶糊

　栗子糊 (Pâte de Marron) ···· 400g
　蘭姆酒 ···· 15g
　牛奶 ···· 30g
　栗子奶油 (Crème de Marron)
　　···· 100g
　無鹽奶油 ···· 80g
○ 加溫軟化栗子糊。
○ 奶油回復成室溫。

Sirop
糖漿

　30度糖漿 ···· 適量
　蘭姆酒 ···· 適量
　水 ···· 適量
○ 混合所有的材料。用水來調整濃度。

Décor
裝飾

　糖漿浸漬的栗子 ···· 250g
　杏桃鏡面果膠 ···· 適量
○ 加熱杏桃鏡面果膠，讓它融化。

法式蛋白霜

1 用中速打發成整體質地綿密的蛋白霜後，加入糖粉，迅速混合，讓蛋白霜的質地變得更結實。

2 將蛋白霜裝進擠花袋內。在烤盤上鋪上硫酸紙，先擠出直徑4～5cm的碟形。然後，在上面擠出3～4層重疊的環形。剩餘的蛋白霜，擠成直徑約2cm的球形。

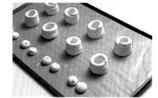

3 放進90℃的烤箱內，乾烤約3～4小時，到還沒變成金黃色的程度為止。

湯匙比斯吉

1 將蛋黃加入已打發均勻的蛋白霜裡，混合到沒有結塊為止。整個都混合好後，就馬上停手。注意不要混合過度了。

2 加入低筋麵粉，用橡皮刮刀，由中心往外側，像切東西般地迅速混合。

3 裝進擠花袋裡，就這樣以固定好的狀態，擠出直徑3cm的球形。

4 用茶濾網撒上糖粉。用烤箱，以180℃，烤10分鐘。

栗子奶糊

1 依序將蘭姆酒、牛奶加入栗子糊 (Pâte de Marron) 裡，每次都用橡皮刮刀，像按壓般地充分混合。

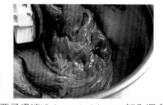

2 將栗子奶油(Crème de Marron)加入混合。

3 將無鹽奶油放進小攪拌盆內，加入一部分的2，充分混合。

4

倒回剩餘的2裡混合。用濾網過濾，以防結塊。然後，放進冰箱冷藏。

組裝

1

將打發奶油 (Crème Chantilly) 擠入環形蛋白霜內，整個填滿。

2

將湯匙比斯吉 (Biscuit Cuillère) 放進蘭姆風味的糖漿裡浸漬一下，稍微瀝乾後，擺到1的上面。

3

將打發奶油 (Crème Chantilly) 擠到比斯吉上，成圓形。然後，擺上已烤過的球形蛋白霜。

4

在襯紙的中央擠點奶油，將3放上去，固定好。

5

將栗子奶糊 (Crème Marron) 裝進擠花袋裡，裝上蒙布朗 (Mont-Blanc) 專用的擠花口，約來回2次，向左右方向擠出。再連同襯紙，迴轉90度，重複同樣的步驟。然後，放進冷凍庫冷藏。

6

將多餘的奶糊切除，塞入襯紙內。輕壓四周，讓襯紙與奶糊可以緊密黏貼。然後，挑選出較大顆粒的栗子，對半切開。塗抹上杏桃鏡面果膠後，擺到頂端上。

＞＞蛋白霜

用具有保溼性的砂糖與蛋白混合，來安定蛋白內所含的氣泡，所製成的，就是蛋白霜。製作時的訣竅，就是在加入砂糖前，要先充分地打發出氣泡來。然後，再將砂糖一點點地加入，以安定氣泡。

1

將蛋白放進攪拌盆裡，用攪拌器像輕輕混合般地攪開來。→這樣做，是為了降低蛋白的韌性，讓空氣更容易跑進去。

2

等到像照片中般，變成大氣泡的慕斯狀時，就開始像要敲打攪拌盆般地打發。

3

打發到蛋白內含空氣，質地鬆軟，用攪拌器舀起時，可以形成像鳥嘴般的角狀為止。

4

打發時，最初加入約10g的細砂糖，接著，每次加入約1/3量的細砂糖，充分打發。→等到質地變得很綿密細緻，又有光澤，舀起時，可以形成角狀，就算打發完成了。

Croquant de Châtaigne au Miel

蜂蜜栗子脆餅

這道甜點，是由栗子的芳香，加上入口即化的脆餅，所組合而成的。
它的裡面，填塞了味道柔和的蜂蜜慕斯，擺在象徵了火焰的糖工藝上，
給人一種薪火正在燃燒的印象，是道很傳神的盤裝法式甜點。

Croquant de Châtaigne
栗子脆餅

- 無鹽奶油 ···· 50g
- 糖粉 ···· 50g
- 蛋白 ···· 37.5g
- 低筋麵粉 ···· 37.5g
- 栗子糊 (Pâte de Marron) ···· 100g

○ 奶油打發成膏狀。
○ 糖粉、低筋麵粉分別過篩。
○ 蛋白回復成室溫。
○ 加溫軟化栗子糊。
○ 在襯紙上打出直徑9cm的洞來，做成紙型。

Paille Noisette
榛果麥桿

- A: 榛果粉 ···· 50g
- 糖粉 ···· 50g
- 低筋麵粉 ···· 12.5g
- 蛋白 ···· 50g

○ 混合A的粉類，過篩，去除榛果的薄皮。
○ 打發蛋白。

Mousse au Miel
蜂蜜慕斯

- 蛋黃 ···· 3個
- 蜂蜜 ···· 125g
- 牛奶 ···· 250cc
- 吉力丁片 ···· 7g
- 鮮奶油 ···· 250g

○ 吉力丁用水泡脹。
○ 打發鮮奶油。

Décor
裝飾

[糖工藝]
- 水 ···· 滴量
- 細砂糖 ···· 適量
- 葡萄糖 ···· 適量
- 食用色素 (紅、藍、黃、紫) ···· 適量
- 金箔 ···· 適量

○ 將水、細砂糖、葡萄糖放進鍋內，熬煮到160℃。再依個人的喜好，挑選喜歡的顏色來染色。

Coulis
醬汁

- 蜂蜜 ···· 適量
- 黑醋栗利口酒 ···· 適量

○ 先熬煮蜂蜜，再加入黑醋栗利口酒。

栗子脆餅

1 將糖粉加入打發成膏狀的無鹽奶油裡，用攪拌器混合。再將蛋白一點點地加入，像摩擦般地混合到很均勻時，加入低筋麵粉，迅速混合。

2 將少量的1加入栗子糊裡混合。再倒回1裡，一起混合均勻。

3 將紙型擺在烤盤上，再將麵糊舀上去，抹開來。然後，將紙型撤掉，放進180℃的烤箱內，烤約10~15分鐘。

4 從烤箱取出，趁熱用棒子捲成菸草的形狀。

榛果麥桿

1 將已打發的蛋白加入A的粉類裡，迅速混合。

2 攤平在硫酸紙上，用切割成波浪形的卡片，劃出「麥桿」般的紋路來。然後，放進180℃的烤箱內，烤到變成金黃褐色為止。

蜂蜜慕斯

1 用攪拌器，邊混合蛋黃、蜂蜜，邊輕輕打發。再加入牛奶，倒入鍋內，加熱。然後，加入吉力丁片融化，再用濾網過濾，隔冰水冷卻。

2 將1一點點地加入已打發的鮮奶油裡混合。

外層

1 將裝飾用的糖漿倒在噴附過酒的硫酸紙上。趁熱讓它形成火焰般的形狀，沿著杯子的形狀，蜿蜒往下流。將食用色素適度地噴附上去。

2 將慕斯擠入脆餅 (Croquant) 裡。將1上的紙撕除，朝上擺到盤子裡，再擺進數根麥桿與脆餅。最後，將麥桿散放在四周，淋上醬汁 (Coulis)。

Noisette

榛果
英: Hazelnut
日: ハシバミ

榛果的味道芳香，細緻，非常受到大眾的喜愛，在果仁類當中，算是比較常被用來製作料理或甜點的一種。雖然它的種類多達100種以上，共通點則是小巧玲瓏的外型，及吸引人的芳香。除了可以直接當作點心來吃之外，還常被用來與麵粉糊 (或糰) 等基本的素材混合，以增添香味。

○ 歷史 · 產地

榛果為原產於歐洲與小亞細亞的植物，性喜多溼而穩定的氣候。在法國，大多栽種在西南部，而在土耳其、義大利、西班牙等國家，則盛行栽種在南歐~地中海沿岸地區。

○ 分類 · 形狀

榛果為樺木科小型樹木。在榛樹上，長出二或三個堅硬乾燥的圓形果實，就是榛果。每個果實，都被堅硬的外殼，與看似葉子般的蒂包覆著。去殼後，就可以看到白色的果仁。收成後，水洗，乾燥過，以帶殼，或去殼的狀況，在市面上流通販賣。

○ 味道的特徵

榛果會散發出芳香，味道甜美細膩，卻又稍微混雜著苦味。如果生食，在口中就可以感覺到些許彈性。如果是烤過再食用，就會變成脆脆的口感。

○ 產季與挑選

產季為9月~10月。市面上所販賣的，有帶殼或去殼，整個完整顆粒，粉末，或烤過，調製成鹹味的加工品，種類繁多。雖然，使用帶殼加工的產品，比較能夠保留住原來的香味，市面上卻不太常見。選購時，請挑選外殼沒有龜裂，也沒有洞或斑點者。

○ 保存法

生的榛果很容易腐壞，應盡早用畢。乾燥過的榛果，雖因脂肪含量變少，而比較不容易變質，還是應該保存在室溫下，避免放置在較熱或蟲多的場所。若是帶殼，放置在涼爽乾燥的場所，則可以保存長達1個月。

○ 運用技巧

榛果那纖細的甜味與芳香，與巧克力的味道正好可以搭配得恰到好處，巧克力中，就有種名為「姜都亞 (Gianduja)」，榛果味的覆蓋巧克力 (chocolat de couverture)。此外，榛果也常被烘烤過，加工製成帕林內 (Praliné)，再用來與奶油，或麵糊 (糰) 混合，讓味道變得更香濃，如此這般，用來增添並襯托出甜點的美味，或許可以說是榛果最具價值之處。

Praliné Maison
自製帕林內

帕林內 (Praliné)，是用焦糖化的糖漿，來沾滿果仁而成的一種砂糖甜點。由此而衍生出的粉末或糊，常被用來製作法式糕點 (Patisserie)。市售的帕林內，雖然有的也很美味，不過，自製的帕林內，香味卻更香濃而與眾不同。加熱時的火侯雖然很難掌握，製作的步驟卻很簡單，所以，請您務必要嘗試做做看!

榛果 (帶皮、完整顆粒) ···· 400g
細砂糖 ···· 220g
水 ···· 80g
◎ 可能的話，請準備底部為圓形的銅鍋。如果沒有，也可用一般的鍋子來代替，但最好使用較厚的鍋子。

1 用150℃的烤箱，乾烤榛果，再去薄皮。

2 將細砂糖、水放進鍋內加熱，整個溶解後，加熱到117℃，再關火。

3 立即將榛果放進去，充分混合，讓2不結塊地沾滿榛果。在混合的過程中，砂糖會結晶化而變成白色。

4 再度加熱，讓它焦糖化。此時，砂糖會開始變色，也可以將榛果整個完全烤熟。

5 散放在耐熱烤布上，讓榛果冷卻。這時，如果榛果的芯像照片中般，變成褐色，就OK了。如果還是偏白色，就表示加熱得還不夠久。

Praliné Noisette

榛果帕林內

6 可依各種不同用途，用攪拌機打成粉末(上圖)，或加工成糊狀 (下圖) 再使用。

Bûche Praliné
à l'Orange Semi-Confite

帕林內柳橙蛋糕

這是種模仿砍下的大樹幹形狀，所做成的聖誕蛋糕。

無論是比斯吉或黃奶油 (Crème au beurre)，都含有大量的帕林內 (Praliné)，味道豐富迷人。

熬煮過，濃縮了酸味的糖煮柳橙，味道柔和，為這道甜點更增添了風味。

30cm×8cm×深7cm的半圓筒模
(gouttière) 1個的份量

Biscuit Joconde Praliné
帕林內喬康地比斯吉

　榛果帕林內
　　(粉末，參照p.93) ···· 300g
　低筋麵粉 ···· 40g
　無鹽奶油 ···· 30g
　轉化糖 ···· 25g
　全蛋 ···· 190g
　A:蛋白 ···· 115g
　細砂糖 ···· 50g
○ 打發A，製作蛋白霜。

Crème au Beurre Praliné
帕林內黃奶油

　蛋黃 ···· 4個
　細砂糖 ···· 60g
　牛奶 ···· 150g
　無鹽奶油 ···· 240g
　榛果帕林內
　　(糊狀，參照p.93) ···· 100g
○ 牛奶加熱到沸騰。
○ 奶油打發成膏狀。

Compote d'Oranges
糖煮柳橙

　無鹽奶油 ···· 60g
　紅糖 (cassonade) ···· 60g
　柳橙 ···· 800g
　細砂糖 ···· 200g
　蜂蜜 ···· 100g
　水 ···· 適量
○ 參照p.59的步驟，水煮整個柳橙，再切成小塊。

Décor
裝飾

　蛋白霜的裝飾 ···· 適量
　噴飾巧克力 (pistolet chocolat)
　　用牛奶巧克力 ···· 適量
　糖粉 ···· 適量
　可可粉 ···· 適量
　榛果帕林內 ···· 適量
　糖漬橙皮 ···· 適量
　瑪斯棒 (marzipan) 做成的聖誕老公公
　蛋白霜做成的香菇
　巧克力的裝飾
○ 融化牛奶巧克力。
○ 在模型內塗抹奶油，撒上粉。

帕林內喬康地比斯吉

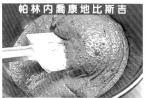

1 將帕林內粉、低筋麵粉、無鹽奶油、轉化糖放進攪拌機裡混合，再加入全蛋，繼續混合。

3 加入打發成膏狀的奶油，像打發般地混合到變白為止。

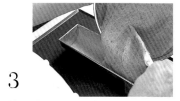

2 加入1/3量A的蛋白霜，充分混合，再加入剩餘的量，迅速混合。

4 與帕林內糊混合。

3 將2倒入半圓筒模內，用170℃，烤25分鐘。

糖煮柳橙

1 將奶油、紅糖 (cassonade) 放進平底鍋內，加熱融化，再加入柳橙，用小火煮。

帕林內黃奶油

1 充分混合蛋黃、細砂糖。再加入少量煮沸過的牛奶混合。然後，倒回剩餘的牛奶裡，加熱到85℃。

2 柳橙變軟後，再加入細砂糖、蜂蜜，繼續熬煮。中途，看情況，決定是否加些水進去。

2 倒入攪拌盆裡，隔冰水，讓它冷卻到30℃。

3 倒出鍋子，切碎。

4

放進冰箱冷藏，稍微變硬後，就比較好處理了。

5

再次以同樣的方式，將奶油擠上去，用波紋刮板劃出樹皮的紋路來。

組裝

1

將比斯吉切成3塊，把最下面那塊擺在襯紙上。

6

側面下邊，貼上蛋白霜的裝飾，將兩邊的斷面切整齊。

2

塗抹上糖煮柳橙，疊上第2塊。

7

稍微噴飾上巧克力，做出樹皮表面的粗糙感。

3

同樣地，塗抹上糖煮柳橙，疊上第3塊。最後，將溢出側邊的糖煮柳橙切除。

8

用茶濾網，將糖粉、可可粉撒上去，再適度地用帕林內、糖漬橙皮、瑪斯棒、蛋白霜、巧克力作裝飾。

4

使用平波型擠花嘴，將帕林內黃奶油擠滿蛋糕的表面，整個覆蓋住。再用抹刀將表面整平，放進冰箱冷藏。＞＞這樣做，是為了要做出樹皮底層的效果，所以，不需要太厚。

Nougat Chocolat-Noisettes et Cerises Sauvages

巧克力榛果櫻桃牛軋糖

烘烤過的榛果香，加上甜甜的巧克力牛軋糖 (nougat)，所組合而成的糖果式甜點 (confiserie)。
結實又有嚼勁的牛軋糖，脆脆的榛果，加上既酸又甜的乾燥櫻桃，讓口感變得更加地豐富。

Nougat Chocolat-Noisettes et
Cerises Sauvages

巧克力榛果櫻桃牛軋糖

30cm × **8**cm × 深**7**cm 的半圓筒模
(gouttière) 1個的份量

蛋白 ···· 100g
細砂糖 ···· 40g
乾燥蛋白 ···· 5g
蜂蜜 ···· 450g
[糖漿]
　砂糖 ···· 150g
　水 ···· 40g
可可塊 (cacao mass) ···· 250g
榛果 ···· 600g
乾燥櫻桃 ···· 250g
可可粉 ···· 適量

○ 蜂蜜加熱到120℃。
○ 糖漿的材料加熱到150℃。
○ 融化可可塊。
○ 榛果用烤箱，以150℃，烤17分鐘。

> > Les Autres Produits

其它重要素材

乾燥蛋白

乾燥蛋白，是先將液態蛋白濃縮到約20%，再以噴霧乾燥的方式，加工成粉狀。一般不單獨使用，通常都在製作比斯吉，或牛軋糖 (nougat) 用的蛋白霜時，當作蛋白的一部分加入使用，來提高起泡性，及氣泡的持久性，製作好的蛋白霜，會比較紮實。與乾燥蛋白類似的製品還有乾燥全蛋、乾燥蛋黃等。

1

蛋白用攪拌機打發。開始變得鬆軟時，讓攪拌機邊攪拌，邊加入砂糖、乾燥蛋白混合，製作出質地紮實的蛋白霜來。

2

依序加入蜂蜜、糖漿混合。繼續用攪拌機攪拌，讓它慢慢冷卻。

3

此時的質地，看起來就像是不透明的白色糊狀。已開始具有黏性了。

4

將攪拌機的攪拌軸換成扇形片，繼續攪拌。同時，用瓦斯噴槍加溫整個底部。>>等到糖分整個混合均勻，整體溫度上升，水分儘可能地蒸發後，就可以變成有嚼勁的牛軋糖 (nougat) 了。

5

加入融化的可可塊混合。最後，從攪拌機移開，改用橡皮刮刀，不要讓攪拌盆緣有殘留物，輕柔地混合。

6

稍微混合烘烤過的榛果、乾燥櫻桃，再加入5裡，用橡皮刮刀充分混合。

7

將保鮮膜攤平，邊撒上可可粉，邊攤開來。

8

然後，將6的牛軋糖(nougat)整糰擺上去。

9

手戴膠手套，並在手套上撒上可可粉，邊稍微在牛軋糖上撒上手粉，邊整理成像香腸般的圓筒狀。

10

裝入鋪上了矽利康烤布的半圓筒模內，從上用手按壓，讓它緊貼在模型內，不留縫隙。然後，放置室溫下一晚，或放進冰箱，冷藏凝固。

11

放在鑽板上脫模，手戴膠手套，來磨擦表面，讓表面變得平滑。

12

用波紋刀，切成約1cm的厚片。

Amande

杏仁

英: Almond
日: ハタンキョウ

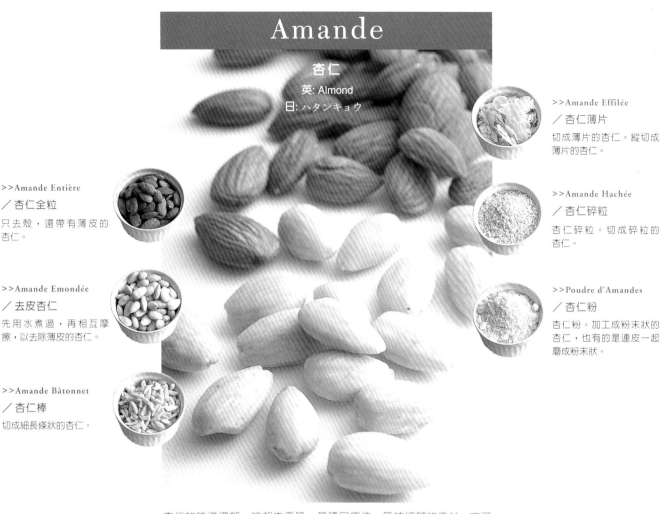

>>**Amande Entière**
／杏仁全粒

只去殼，還帶有薄皮的杏仁。

>>**Amande Emondée**
／去皮杏仁

先用水煮過，再相互摩擦，以去除薄皮的杏仁。

>>**Amande Bâtonnet**
／杏仁棒

切成細長條狀的杏仁。

>>**Amande Effilée**
／杏仁薄片

切成薄片的杏仁。縱切成薄片的杏仁。

>>**Amande Hachée**
／杏仁碎粒

杏仁碎粒。切成碎粒的杏仁。

>>**Poudre d'Amandes**
／杏仁粉

杏仁粉。加工成粉末狀的杏仁，也有的是連皮一起磨成粉末狀。

杏仁的味道濃郁，咬起來香脆，是種口感佳，風味細膩的素材。它可以說是被人類食用的素材中，最古老的其中一種。在製作法式糕點 (Patisserie) 上，也可以算得上是基礎食材之一。杏仁不僅可以就這樣食用，還可以加工成粉末或糊狀，常被用來製作成具酥脆口感的甜點，或其它無可計數的各式糕點。

○ **歷史 · 產地**

據稱原產於亞洲，與北非，為史前時代即已自生的植物。自亞述 (Assyria) 時代起，開始了杏仁的栽種，用於藥用與食用兩種用途上。現在，則是以美國的加州與地中海沿岸地區，為主要的產地。

○ **分類 · 形狀**

杏樹為薔薇科樹木，可長至數公尺高，樹枝上會各結2～3個果實。雖然，它與杏桃、蘋果屬於同科，綠色表皮上佈滿柔軟細毛的杏仁果實，果肉卻不算多。用來食用的部分，若是成熟了，剖開後的白色果肉中，會含著種籽。種籽被褐色的薄皮包裹著，外側更有殼加以保護。大致上，可分為苦味與甜味兩種。

○ **味道的特徵**

用來食用的甜味杏仁，特徵就是脂肪含量高，具有濃郁的香甜味。通常，大都是乾燥後再食用。不過，夏季末所產的新鮮杏仁，由於味甜清新，所以，也適合生食。苦味杏仁，味道非常苦，而它的苦味，是源自於所含的氫青酸等有毒物質。去除這個部分後，就可以加工成利口酒，或香精了。只要稍微加一點，就可以散發出香濃的杏仁味了。

○ **產季與挑選**

產季的最初，可以用來生食的杏仁，只有在9月初，很短的一段時間才有。之後，9月時市面上就會開始出現乾燥加工過的杏仁。乾燥杏仁，1整年都可以買得到。依形狀或味道不同，有各式各樣的製品，選購時，請配合不同用途來作挑選。

○ **保存法**

保存時，請避開日曬或潮濕的場所，用密閉容器存放。如果用冷凍，可保存1年之久。如果是帶殼，在室溫下也可貯藏1年之久。去殼或以切過的杏仁，則最好是放進冰箱冷藏保存。

○ **運用技巧**

杏仁的香氣，濃郁與甜美的味道，就是它的魅力所在。如果是用來加熱，只要整個加熱均勻，到芯的部分都熟透，就會散發出香甜味來。加熱後，可以就這樣食用，也可製成沾滿巧克力或砂糖的甜點，兩者都是非常受到歡迎的甜點。此外，若是將杏仁粉加入麵糰或麵糊裡，更可以增添濃郁的風味。杏仁碎粒或杏仁薄片，大多被用來加強口感，或增添視覺的效果。

Florentins

佛 羅 倫 汀 巧 克 力 餅

佛羅倫汀巧克力餅,是先用焦糖來固定乾燥水果與杏仁,再黏貼上巧克力,所製成的甜點。

它是種讓人可以充分地享受到杏仁香的甜點。

藉由烘烤兩次的方式,可以讓它香脆的口感,更發揮得淋漓盡致。

直徑5cm 的巧克力模20個的份量

鮮奶油 ···· 100g
細砂糖 ···· 85g
葡萄糖 ···· 15g
蜂蜜 ···· 15g
糖漬乾燥水果 ···· 50g
糖漬橙皮 ···· 50g
糖漬櫻桃 (drain cherry) ···· 35g
低筋麵粉 ···· 25g
杏仁薄片 ···· 100g
黑巧克力 ···· 500g
○ 糖漬橙皮切碎。
○ 糖漬櫻桃切成4~6等份。
○ 參照p.127的步驟,將黑巧克力調溫過。

1 將鮮奶油、細砂糖、葡萄糖、蜂蜜,全放進鍋內,加熱到沸騰。不需要熬煮。

2 將糖漬乾燥水果、糖漬橙皮、糖漬櫻桃放進攪拌盆裡,從上撒入低筋麵粉。再用橡皮刮刀混合均勻。

3 然後,加入杏仁薄片混合。

4 將1從3的上面倒入混合。

5 用湯匙舀入直徑5cm的矽利康烤模 (flexi-pan) 裡,約5mm的厚度。

6 用烤箱,以160℃,加熱到沸騰。材料加熱熟透後,先從烤箱取出,放涼。然後,再度以160℃烘烤。烤第二次時,會變成漂亮的金黃色,讓質地變乾燥,烤成香脆的口感。然後,先不要脫模,就這樣讓它冷卻。

7 先用毛刷將巧克力塗抹到帶有波紋的巧克力圓模內,要連細小溝紋內都抹勻,不要留有縫隙。

8 用橡皮刮刀讓巧克力流入模型內,再用三角抹刀將多餘的巧克力刮除。

9 在台上輕敲模型,讓空氣跑出來後,再用三角抹刀將表面與側面多餘的巧克力刮除,整理乾淨。

10 將佛羅倫汀平的那面貼在巧克力上,就這樣放涼,讓它凝固。然後,脫模。

Croquants aux Amandes

杏仁脆餅

這是種自古以來，就是法國的家庭中，都會製作的簡易杏仁甜點。
這就好像是日本的焦糖燒一樣，是種令人充滿懷舊之情的古早味烘烤甜點。
製作這道甜點時，秘訣還是在杏仁要整粒烤到熟透，就可以完全散發出它特有的芳香了。

杏仁 (整顆粒，帶皮) ···· 250g
低筋麵粉 ···· 180g
細砂糖 ···· 500g
香草糖 ···· 適量
蛋白 ···· 100g
○ 蛋白攪開。

1
將杏仁散放在烤盤上，用烤箱，以180℃，烤約15分鐘。然後，放涼。

2
烤到杏仁的裡面變成像這樣的米黃色為止。

3
將低筋麵粉、細砂糖、香草糖，一起過篩，篩入攪拌盆裡。

4
中央作出凹槽，加入蛋白，用木杓像摩擦般地混合。

5
將1加入，用手像握東西般地，把杏仁與麵糊混合均勻。

6
混合好的麵糊，就像照片中般的狀態。

7
用湯匙舀出約直徑3~4cm的大小，放到鋪了硫酸紙的烤盤上。>>烤好時，會散得很開來，所以，請務必預留充分的間隔。

8
放進烤箱，以180℃，烤約25分鐘。

Pistache

開心果

英: Pistachio Nut
日: ピスタチオ

>>Pistache Entière
／ 去殼開心果

去殼後，用熱水浸泡，以除去褐色薄皮，完整顆粒的開心果。製作甜點時，去殼，未添加食鹽的開心果，用起來比較方便。不過，切記要儘量挑選新鮮的產品。

>>Pâte de Pistaches
／ 開心果糊

將開心果磨碎後，所製成的無糖開心果糊。如果只是開心果糊，看起來就會像照片中一樣，是深褐色，但如果與奶油等混合，原本的綠色就會顯現出來了。

開心果，被可以輕易剝開的白色外殼包裹著，是種很受歡迎的零嘴。顆粒不大的綠色果仁，由於味甜又香，它的風味，讓人容易接受，所以，非常受到大眾的喜愛。它不僅很適合就這樣食用，或許也由於在與麵糊 (糰) 混合時，顏色非常漂亮，所以。近年來，常被用來製作法式甜點。

○歷史 · 產地

據說原產於小亞細亞，但在西元前1世紀時，被傳到地中海地區。由於開心果耐乾旱又耐霜寒，所以，又被傳到許多不同的地區，俄羅斯、土耳其、中亞、美國等，都開始了開心果的栽種。土耳其、伊朗、巴勒斯坦、敘利亞，為開心果的主要產地。

○分類 · 形狀

開心果為漆樹科的落葉樹，結成串狀的果實裡包著的果仁，就是開心果。採收時，用人手或機器搖晃樹木，取得的果實，去掉多肉的外殼，與白色的硬殼，內側被褐色的薄皮包裹著的，就是綠色的果仁。成熟後，殼就會沿著縱軸裂開，所以，用手很容易就可以剝開了。

○味道的特徵

開心果是種，有著細緻甜味與香味，味道非常柔和的果仁類。製成糊狀，吃的時候，就可以直接感受到它那豐富的脂肪所具有的濃郁味道。

○產季與挑選

開心果1年可結2次果實，但是，由於果仁類可以乾燥後再販賣，所以，可以說沒有季節性的限制。帶殼炒過，用鹽調味過的產品，多被用來當作零嘴食用，並不適合用來製作法式糕點 (Patisserie)。去殼，用真空包裝的開心果，也最好選購較新鮮者。

○保存法

裝入密閉容器內，放置在乾燥的場所保存。開心果即使是帶殼，殼已經裂開的還是很多，所以，並不能像想像中一樣，保存得比久。無論是帶殼或去殼，如果密閉冷藏，則都可保存數個月。

○運用技巧

由於開心果有著漂亮的綠色，所以，常被用來製作奶油或冰淇淋。用來製作牛軋糖 (nougat) 或砂糖甜點，雖然可以增添口感與香味，但是，由於它並不算是味道濃郁的素材，所以，搭配的素材，也選擇味道較柔和的水果或奶油，整體的味道會讓人感覺比較均衡。在地中海沿岸地區或東方，開心果也是種不可或缺的食材之一，常被用來製成清淡口味的白肉用醬汁，或餡料。

Entremets Pistache-Abricot

開心果杏桃蛋糕

開心果的味道甘甜柔和，很適合與莓類作搭配組合。

然而，如果要讓開心果成為主角，或許與同樣味道溫和，帶點酸甜的杏桃作搭配，會更恰當吧。

這是道用達垮司 (Dacquoise)，配上奶油、舒普蘭 (Suprême)等，所組合而成的口感佳，感覺雅致的甜點。

開心果杏桃蛋糕
直徑**15**cm×高**4.5**cm 的圓形
中空模**1**個的份量

Dacquoise Pistache-Abricot
開心果杏桃達垮司

A:蛋白 ···· 160g
　細砂糖 ···· 45g
　開心果糊 ···· 25g
B:杏仁粉 ···· 100g
　糖粉 ···· 100g
　低筋麵粉 ···· 30g
　杏桃(乾燥) ···· 50g
　開心果 ···· 30g
　糖粉 ···· 適量
○ 打發A，製作蛋白霜。
○ 混合B的粉類，過篩。
○ 將杏桃、開心果切碎，稍加混合。

Crémeux Abricot
杏桃奶油

全蛋 ···· 50g
蛋黃 ···· 50g
細砂糖 ···· 35g
杏桃泥 ···· 150g
吉力丁片 ···· 6g
無鹽奶油 ···· 50g
○ 加熱杏桃泥，到沸騰。
○ 吉力丁用水泡脹。
○ 奶油打發成膏狀。

Suprême Pistache
開心果舒普蘭

蛋黃 ···· 30g
細砂糖 ···· 25g
牛奶 ···· 60g
鮮奶油 ···· 15g
吉力丁片 ···· 18g
開心果糊 ···· 20g
鮮奶油 ···· 250g
○ 吉力丁片用水泡脹。
○ 鮮奶油稍加打發。

Décor
裝飾

開心果 ···· 適量
杏桃(罐裝) ···· 適量
杏桃鏡面果膠 ···· 適量
○ 加熱融化杏桃鏡面果膠。

 1

取少量A的蛋白霜，與開心果糊混合。然後，倒回剩餘的蛋白霜裡，注意不要弄破氣泡，混合到沒有結塊為止。

2

將B的粉類分成3~4次加入，迅速混合到沒有結塊。

3

準備裝飾用的達垮司。將一部分的2裝進擠花袋裡，擠到鋪了矽利康烤布的烤盤上，成圓形，再將開心果、杏桃擺上去。然後，用茶濾網將糖粉撒上去。

4

將開心果、杏桃加入剩餘的2裡，輕輕混合。

5

倒入直徑15cm的圓形中空模裡。用烤箱，以180℃烘烤。蛋糕體部分烤40分鐘，裝飾用部分烤15~20分鐘。

1

將細砂糖加入全蛋與蛋黃裡，用攪拌器混合。

2

將已沸騰過的杏桃泥邊一點點地加入，邊攪拌。

3

將2倒回用來煮沸杏桃泥的鍋內，再次加熱。＞＞這樣作只是要加熱蛋黃以殺菌。所以，不用加熱到沸騰。

4

將吉力丁加入融化，邊用濾網過濾，邊移到攪拌盆裡。然後，隔冰水，讓它散熱到人體肌膚的溫度為止。

5

將少量的4加入已打發成膏狀的奶油裡，充分混合。再倒回剩餘的4裡。

6

用手提電動攪拌器，充分攪拌到乳化為止。攪拌到像照片中般，沒有結塊，質地柔滑，具有光澤的狀態，就可以了。

1

先充分混合蛋黃、細砂糖，再依序將牛奶、鮮奶油加入混合。

2

將1移到鍋內，加熱。此時加熱，主要是為了要殺菌。加溫時，要邊不斷地攪拌混合，以免凝固。加熱到質地變得濃稠了，就可以關火。

3

從爐火移開，加入吉力丁片融化。然後，加入開心果糊。

4

邊用濾網過濾，邊移到攪拌盆裡，除去蛋的繫帶部分。然後，就這樣放著，讓它冷卻。

5

將已打發的鮮奶油的半量加入4裡，充分混合，再倒回剩餘的鮮奶油裡，迅速混合。＞＞為了避免鮮奶油的氣泡消失，請在組裝的步驟4以後再進行此步驟5。

組裝

1

將刀子切入達垮司與模型之間，脫模。

2

在兩端放置厚1cm的板子固定，將達垮司切成2片圓塊。

3

1塊用直徑12cm (a)，另1塊用直徑14cm (b)的圓形中空模切割。

4

將a達垮司放進直徑12cm的圓形中空模裡，從上將杏桃奶油倒入。放進冷凍庫，冷藏凝固。

5

將直徑15cm的圓形中空模放在鋪了矽利康烤布的烤盤上，裡面撒滿開心果。然後，將罐頭杏桃片排列在開心果上。

6

倒入舒普蘭 (Suprême)，到約1cm厚的程度。再用湯匙背面輕壓，以避免裡面出現空洞。先確認好將4擺上去後的高度要和模型的高度一致，來調整倒入的高度。然後，放進冷凍庫，冷藏凝固。

7

從冷凍庫取出後，先沿著圓形中空模的邊緣，將舒普蘭 (Suprême) 擠出，成環狀。然後，用湯匙的內側，將舒普蘭塗抹到模型的內壁上。

8

將4脫模，達垮司那面朝下，疊放在7的上面，稍微用力按壓，讓它貼緊。然後，再擠出舒普蘭 (Suprême)，填滿四周的縫隙。

9

用舒普蘭 (Suprême)當作黏著劑，塗抹在奶油上，再將b的達垮司擺上去。放進冷凍庫，冷藏凝固。

10

凝固後，翻面，放到網架上，先不要脫模，淋上杏桃鏡面果膠。再用抹刀整理厚度。

11

鏡面果膠凝固後，擺到小1圈的另一個圓形中空模上，用瓦斯噴槍加熱側面，脫模。

12

放到襯紙上，用刀子將側面整理漂亮。再將裝飾用的達垮司貼在側面上。

Les Arômes

香料類素材

Épices

>>Cannelle
／肉桂

肉桂，是削下肉桂樹枝的樹皮後，將內側的樹皮乾燥後，自然捲成圓形的一種香料。也有其它的代用品，是用香味類似的其它樹皮所製成，同樣以「肉桂」的名稱，在市面上流通販賣。肉桂具有馥郁的香氣，還帶點辛辣的風味。

>>Girofle
／丁香

丁香為桃金孃科常綠植物，摘下樹上的花蕾後，乾燥而成的香料。它的特徵，就是具有強烈的刺激味，與持久突出的香氣。大多用在使用了糖煮水果、蜂蜜、乾燥水果來製作的法式糕點 (Patisserie) 上，以便在甜味之外，增添上更豐富的風味來。

>>Noix de Muscade
／荳蔻

荳蔻，是種無論是用在甜味，或鹹味的食物上，都很適合的香料。一般認為特別適合與乳製品作搭配。如果單獨使用，就可以作出像胡椒或肉桂般的刺激味來了。

>>Anis Étoilé
／八角

八角在植物學上，是由一種名為「巴蒂安 (Badiane)」的果實乾燥而成的香料，但是，由於它的香氣與大茴香很類似，所以，一般大多被稱之為「星形的大茴香」。它帶點微甜而刺鼻的香氣，既可用來製作甜點，也可用來製作料理。

>>Gousse de Vanille
／香草莢

香草樹的果實。香草莢，是在完全成熟前就摘下，先浸泡在沸水中，再乾燥所得的香料。市面上流通販賣的香草莢，為深褐色。細長的豆莢裡，排列著帶有特殊香氣的細小種籽。它的風味，依墨西哥產、波旁 (Bourbon) 產、留尼旺島 (Réunion)產等，不同的產地，而有所不同。也有的產品，是加工成粉末，或香精。

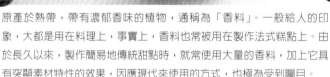

原產於熱帶，帶有濃郁香味的植物，通稱為「香料」。一般給人的印象，大都是用在料理上，事實上，香料也常被用在製作法式糕點上。由於長久以來，製作簡易地傳統甜點時，就常使用大量的香料，加上它具有突顯素材特性的效果，因應現代來使用的方式，也極為受到矚目。

○歷史 · 產地
如果追溯貿易的線路，就可以發現，幾乎所有的香料，都是經由中東，傳到歐洲的。自從最先傳入的胡椒被廣泛地使用以來，香料對於西歐人而言，可以說是非常珍貴而高價的素材。雖然在早期，主要是用來保存食材，或藉由使用大量的香料來蓋過損傷食材的味道等，被視為是種讓許多料理變得更為完美的素材。然而，在現代料理上，則以使用微香，來襯托出素材的味道為主流。

○味道的特徵
香料雖依品種不同，味道多少有點差異，但是，他們的共通點，就是，大都帶點苦味、澀味、辣味等，舌頭可以感覺到強烈刺激的味道。這種素材，與其說是用來調味，倒不如說是大都被用來增添香味居多。

○挑選方式
粉末狀態的香料，雖然使用起來很方便，但是，若想讓香氣更能發揮出來，就要用原來的材料，在使用前才磨成粉或搗碎，效果較佳。無論是何種香料，都最好儘可能購買新鮮的產品，而且，在即將使用前才購買所需的少量，這樣，就更能夠充分享受香料原本具有的強烈香氣了。

○保存法
裝入密閉容器中，放置在無日光直射的陰涼之處，就可以防止香氣散失，或因高濕度而變質。

○運用技巧
如果是要用來糖煮，或加入牛奶中熬煮，最好使用原形的香料，以利長時間加熱，也能充分發揮出香氣來。如果是要在最後撒上，或撒入麵糊(糰) 裡混合，以增添香味，使用粉末就比較適合了。在製作法式糕點 (Patisserie) 上，常常會同時混合多種香料，調製成複雜的香味，讓糕點的甜味更具吸引力。

Cake au Gingembre
薑汁蛋糕

蛋糕的特性，就是吃起來紮實而質樸的口感。香料的香氣，或乾燥水果的甜味，很輕易地就可以融合在蛋糕之中。
建議您有時不妨換個口味，試試看這種增添了薑味、銀杏、芒果，香味獨具的蛋糕吧！

Cake au Gingembre

薑汁蛋糕

底**7**cm×**17**cm‧上**8**cm×**18**cm
×高**6**cm的磅蛋糕模**1**個的份量

Compote de Gingembre
糖煮薑

薑 ‥‥ 150g
A: 水 ‥‥ 1000g
　　細砂糖 ‥‥ 400g
香草莢 ‥‥ 1支
黑胡椒粒 ‥‥ 5~6粒
細砂糖 ‥‥ 150g
○ 薑去皮。
○ 加熱A，製作糖漿。

Compote de Mangues au Gingembre
糖煮薑味芒果

芒果 ‥‥ 2個
糖煮薑的糖漿 ‥‥ 適量
○ 參照p.157的步驟，處理芒果備用。

Compote d'Abricots au Gingembre
糖煮薑味杏桃

乾燥杏桃 ‥‥ 50g
糖煮薑的糖漿 ‥‥ 適量

Confiture de Gingembre
薑醬

薑 ‥‥ 100g
細砂糖 ‥‥ 80g
葡萄糖 ‥‥ 30g

Pâte à Cake
蛋糕麵糊

糖煮薑 ‥‥ 100g
薑味芒果 ‥‥ 100g
薑味杏桃 ‥‥ 100g
薑味銀杏 ‥‥ 80g
核桃 ‥‥ 100g
蜂蜜 ‥‥ 適量
無鹽奶油 ‥‥ 210g
細砂糖 ‥‥ 170g
全蛋 ‥‥ 180g
薑醬 ‥‥ 50g
B: 低筋麵粉 ‥‥ 180g
　　泡打粉 ‥‥ 5g
○ 銀杏與芒果相同，用糖煮。
○ 核桃烘烤過後，用蜂蜜浸漬。
○ 奶油打發成膏狀。
○ 其它的材料，全部回復成室溫。
○ 混合B的粉類，過篩。
○ 在模型內塗抹上奶油，撒滿粉。

糖煮薑

1 將薑、糖漿、香草莢、胡椒裝入真空塑膠袋內，加工成真空狀態。

2 用烤箱，以80℃，加熱40分鐘。＞＞藉由真空方式，以氣壓來讓糖漿能夠加速滲透。此外，在密封的狀態下加熱，水果的香味就不會流失。

3 打開袋子，糖漿留著備用。將其中的600cc倒入鍋內。加入150g的細砂糖，約加熱30分鐘，但不要讓它沸騰。完全溶解後，再度把薑放進去，放置1日以上。＞＞剩餘的糖漿，留著用來作其它的糖煮時用。

糖煮薑味水果

1 將芒果切成適度的大小。

2 將芒果、乾燥杏桃分別裝入不同的塑膠袋內，然後，注入糖煮薑的糖漿，到可以浸泡的程度。

3 與薑相同，加工成真空狀態，用烤箱，以80℃，加熱約40分鐘。

薑醬

1 把薑磨泥，與細砂糖、葡萄糖放進鍋內，加熱到沸騰。

2 用木杓不斷地攪拌混合，把水蒸乾。

3 倒入攪拌盆內，散熱，保存。

蛋糕麵糊

1 將預備好的糖煮水果等，及用蜂蜜浸泡過的核桃，全部切成1cm的塊狀。

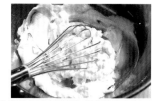

2

稍微攪拌混合已打發成膏狀的奶油。為了
讓蛋糕的質地能夠變得很濕潤，需要先打
發成相當柔軟的膏狀。但是，請留意不要
讓奶油融化了。

3

將細砂糖、全蛋分成數次，交互加入
混合。

4

如果將全蛋一次加入混合，就很容易分
離，若是一點點地加入混合，就比較容易
混合均勻了。

5

加入薑醬，邊留意不要讓氣泡跑進去，或
變得分離，邊輕柔地混合。再將B的粉類
一次全部加入，同樣輕柔地混合。

6

將1的糖煮薑、核桃全部加入，用橡皮刮
刀，迅速混合。

7

將麵糊倒入磅蛋糕模裡，表面抹平。輕敲
底部，讓空氣跑出來。

8

用烤箱，以160℃，加熱約40分鐘。散熱
後，脫模，放涼。

Pain d'Épices

香料麵包

這道甜點，正如其名，特點就是使用了大量的香料來增添它的香味。
另外還有蜂蜜，用量也不輸給香料。
細密的質地與翻糖，讓它成為一道豐富而紮實的點心。

17cm × 8cm × 深8cm的磅蛋糕模2個的份量

Pain d'Épices
香料麵包麵糊

牛奶 ···· 165cc
蜂蜜 ···· 330cc
細砂糖 ···· 65g
A: 低筋麵粉 ···· 165g
　　黑麥粉 ···· 165g
　　泡打粉 ···· 25g
　　肉桂粉 ···· 7g
　　荳蔻粉 ···· 1.5g
　　大茴香粉 ···· 1.5g
全蛋 ···· 1.5個的份量
糖漬橙皮 ···· 200g
○ 混合A的粉類，過篩。

Glace à l'Eau
水糖衣

水 ···· 30g
康圖酒 ···· 20cc
糖粉 ···· 20g
○ 混合所有的材料。

1

將牛奶、蜂蜜、細砂糖放進鍋內，加熱。
邊用攪拌器混合，邊稍微加溫融化。

2

在A的粉類中央，作出凹槽，將蛋放入中
央，一點點地與粉混合。等到水分變少後，
就將1一點點地加入，用同樣的方式混合。
牛奶全部加入後，就用攪拌器，充分混合
均勻。

3

將糖漬橙皮切碎，留下少量，其餘的全加
入混合。

4

將麵糊倒入預備好的模型內，到3/4的程
度，再將預留的糖漬橙皮散放在上面。

5

用烤箱，以170℃，至少烤40分鐘。中
途，用刀子插入，確認中間都已熟透了，
再擺到網架上，放涼。

6

冷卻後，脫模，用毛刷塗抹上水糖衣。用
200℃加熱約10秒鐘，把水蒸乾，讓砂糖
結晶，形成外皮。

Liqueur et Eau-de-Vie

利口酒與蒸餾酒
英: Liquor & Spirits
日: リキュールと蒸留酒

利口酒 (Liqueur)，就是在酒裡加上甜味料、香料，混合而成，具有特定味道的酒。蒸餾酒 (Eau-de-Vie)，是將已經釀造好的各種酒，再蒸餾過，所得酒精度數高的酒。充分發揮酒的揮發特性，加強香氣的散發，以增添風味的作法，無論是在料理，或甜點上，都是長久以來，慣用的傳統手法。

○ 運用技巧

可以讓酒滲透入蛋糕中等等，或加入用來糖煮的湯汁中等等，讓素材或蛋糕等所具有的原味，能夠更加地發揮出來，運用的方式很多。甚至，有時就是以酒為主角，使用大量的酒在味道較單純的法式糕點上，製成給人感覺就像是在「嗆香」般類型的法式糕點上。烈焰可麗餅 (Crêpe Suzette)、蘭姆芭芭 (Baba au Rhum)，可以說就是屬於後者的甜點類型。

>>Crème de Cassis	>>Cointreau	>>Grand Marnier	>>Kirsch	>>Rhum
／黑醋栗利口酒	／康圖酒	／柑桂酒	／櫻桃酒	／蘭姆酒

／黑醋栗利口酒

這是種將浸泡過黑醋栗的酒蒸餾過後，再加入砂糖，所得的利口酒。它是勃根地 (Bourgogne) 的第戎 (Dijon) 與科多爾 (Côte d'Or) 的名產，於1841年，由克勞德裴利開始生產製造的。

／康圖酒

這是種以橙皮為基底而作成的利口酒，為白柑桂酒的一種。創業於1849年的 Cointreau公司，將苦味、甜味等，各種不同的橙皮的濃縮液與酒一起蒸餾過，再加入糖漿、香料等，所製成的利口酒。

／柑桂酒

將浸泡過橙皮的酒蒸餾過，再與干邑酒 (Cognac) 等白蘭地混合而成。其中，與干邑酒混合而成的，稱之為「cordon rouge」，與其它的白蘭地混合而成的，稱之為「cordon jaune」，兩者都是存放在酒桶內數月發酵完成後，再加糖而成。

／櫻桃酒

這是種以黑櫻桃為原料，所製成的櫻桃蒸餾酒。原產於阿爾薩斯區 (Alsace)、弗朗什孔泰(Franche-Comté) 的法國東北地區。具有濃厚的香氣與高貴的風味。

／蘭姆酒

這是種用甘蔗汁或糖漿來釀造，蒸餾而成的蒸餾酒。依照製法與原料的不同，而有各種不同的產品，一般為人所熟知的，就是無色的「白蘭姆」，與褐色的「黑蘭姆」。

Crôpe Suzette

烈焰可麗餅

從烈焰可麗餅專用的平底鍋內，飄散出柳橙柔和的香甜味。
熱騰騰的可麗餅，吸滿了混合康圖酒的柳橙汁，口感濕潤多汁，是種很具代表性，
需趁熱端上桌的熱點心。

可麗餅約8片的份量

Pâte à Crêpe
可麗餅麵糊

　無鹽奶油 ‥‥ 60g
　牛奶 ‥‥ 250g
　A：低筋麵粉 ‥‥ 125g
　　　細砂糖 ‥‥ 20g
　　　鹽 ‥‥ 1g
　全蛋 ‥‥ 2個
　橙皮磨泥 1個的份量
○ 混合A的粉類，過篩。

Cuisson
燒烤

　無鹽奶油 ‥‥ 適量
　細砂糖 ‥‥ 適量
　柳橙汁 ‥‥ 適量
　柳橙果肉 ‥‥ 適量
　橙皮 ‥‥ 適量
　康圖酒 ‥‥ 適量
○ 參照p.58的步驟，預先準備柳橙，
留下果皮與果肉備用。

可麗餅麵糊

1
製作焦奶油。將無鹽奶油放進鍋內，加熱到出現小泡沫，有點金黃色為止。

2
關火，將已加熱到人體溫度的牛奶一點點地加入混合。＞＞此時，如果將牛奶一次加入，就會結塊而無法混合均勻，請特別留意。

3
在A的粉類中央作出凹槽，將全蛋放入中央，再從中央一點點地與粉類混合。

4
混合到一個程度後，將少量的2加入，用攪拌器混合，再將剩餘的2分成幾次加入混合，以防結塊。

5
用濾網過濾，移到攪拌盆內，加入橙皮。再用保鮮膜密封，放進冰箱，冷藏24小時。

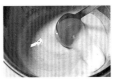

6
將麵糊從底部舀起，輕輕混合，讓質地均勻，結塊消失。

7
將奶油放進可麗餅鍋內加熱，倒入麵糊。稍微轉動鍋子，讓麵糊均勻地佈滿鍋子。

8
周圍開始變焦後，就用竹籤翻面，讓另一面也稍微加熱成黃褐色。然後，放到網架上冷卻。

燒烤

1
將20~30g的奶油放進燒烤專用的鍋內，加熱融化。在還未變色前，加入與奶油約同量的細砂糖，讓奶油吸收，讓它稍微變得有點焦糖化。

2
將橙汁一次全部加入，隨時調整火候，讓它保持在一直有氣泡冒出，不會燒焦的程度，熬煮到約變成2/3量為止。

3
將可麗餅放進鍋內，用叉子與湯匙，摺成四摺。

4
將柳橙果肉與橙皮散放在上面，熬煮到2/3量為止。

5
淋上康圖酒，點火蒸乾酒精 (flamber)，就完成了。

Baba au Rhum

蘭 姆 芭 芭

這是道將有嚼勁的奶油餐包 (brioche) 浸泡在蘭姆風味的糖漿裡，讓它吸滿香味而成，有著濃郁芳香的蛋糕。

成功的秘訣，就在於一定要先將麵糊烘烤完全，去除水分，讓糖漿能夠有效率地被吸收進去。

加上極其微量的香草後，它的香甜味，更可以襯托出蘭姆的香味來。

直徑6cm的杯子15個的份量

Pâte à Baba
芭芭麵糊

中筋麵粉 ···· 240g
新鮮酵母 ···· 15g
水 ···· 少量
細砂糖 ···· 20g
全蛋 ···· 4個
牛奶 ···· 60g
鹽 ···· 4g
無鹽奶油 ···· 80g
○ 中筋麵粉過篩。
○ 混合新鮮酵母、水，讓它溶解。
○ 融化奶油，散熱，回復成室溫。

Sirop
浸潤用糖漿

水 ···· 1000g
細砂糖 ···· 400g
蘭姆 ···· 100g
○ 加熱溶解水、細砂糖，沸騰後，
關火，加入蘭姆酒。

Imbibage
浸潤

蘭姆 ···· 適量

Garniture
配料

杏桃鏡面果膠 ···· 適量
鮮奶油 ···· 500g
糖粉 ···· 50g
香草糖 ···· 適量
○ 加熱融化杏桃鏡面果膠。
○ 混合打發鮮奶油、糖粉、香草糖。

芭芭麵糊

1
將過篩過的中筋麵粉放進攪拌機的容器
內，加入已溶解的酵母、細砂糖、蛋，用
鉤形的攪拌軸輕輕混合。

2
用攪拌機，低速攪拌，邊留意麵糊的狀
態，邊將牛奶一點點地加入混合。然後，
加入鹽。

3
此時，麵糊會變得既黏又軟。用橡皮刮刀
將附著在容器周圍的麵糊刮除，整理好麵
糊，再用中速攪拌10分鐘。

4
10分鐘後，麵糊的質地就會變得平滑了。

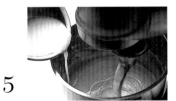

5
切換到低速，將奶油一點點地加入。奶油混
合好後，再切換到中速，繼續攪拌10~15分
鐘。將手粉（未列入材料表）撒到其它的攪拌
盆內，再將麵糊倒入。麵糊的表面也撒上
粉，放置在略低於30℃的場所30~40分鐘，
讓它一次發酵。

6
讓麵糊的氣體跑出來。用橡皮刮刀舀起麵
糊，朝攪拌盆壁輕敲。

7
用手舀起些許麵糊，握住，讓它從小指邊
擠出，流入芭芭模內。由於發酵後會膨脹
起來，所以，流入的量，大約在中央凸出
的部分還可以稍微看得到的程度為止。

8
以膨脹2倍為準，用室溫，以30~40分
鐘，讓它發酵2次。

9
用烤箱，以180℃，烤約15分鐘。烤好
後，脫模，排列在烤盤上，再用烤箱，以
150℃乾烤，讓表面的質地變脆。

浸潤

1
讓烤脆的那面朝下，放進加了蘭姆酒的糖
漿裡浸泡。一開始時，用有孔長柄杓按
壓，讓它們整個可以完全浸泡在糖漿中。

2

當糖漿被吸收到一個程度後，就翻面，讓另一面也可以吸收糖漿。然後，用手觸摸看看，確認它們已浸泡到內部都已完全吸滿糖漿，變得很柔軟為止。

3

將糖粉、香草糖加入鮮奶油裡打發。用星形擠花嘴擠到芭芭上。

3

吸收了水分的芭芭，約會膨脹到原來的2倍大。

> **＞＞鏡面果膠**

鏡面果膠，大致上可分為無色鏡面果膠 (napage neutre)，與杏桃鏡面果膠 (napage abricot) 兩種。這兩種，都是混合了砂糖與葡萄糖等所製成，用來塗抹在甜點的表面上，以達到亮光的效果。不同之處，就在於使用時的溫度。杏桃鏡面果膠在常溫之下，會變得像果凍一樣硬，所以，得加熱讓它先融化，才能使用。但是，無色鏡面果膠，不加熱也一樣是呈稠狀。所以，適合用在不加熱的冰冷甜點上。

無色鏡面果膠　　　杏桃鏡面果膠
napage neutre　　　napage abricot

4

放在網架上瀝乾。

外層

1

澆上大量的蘭姆酒。

2

表面塗抹上杏桃鏡面果膠。

Café

咖啡

英: Coffee
日: コーヒー

>>Café Moulu
／研磨咖啡

咖啡豆用磨豆機研磨過，所成的咖啡粉末。通常，使用的是用熱水將香氣與味道抽出而成的液體。但如果使用的量很少，也可直接將粉末拿來用。

>>Café Instant
／即溶咖啡

咖啡豆經過研磨後，抽出咖啡液，脫水後，就成了可溶性的粉末。直接使用粉末時，風味比研磨咖啡佳，入口後，也會溶解。

>>Extrait de Café
／咖啡濃縮液

將咖啡液熬煮過，濃縮成分，所製成的產品。法國的Trablit公司的製品最為有名，他們的品牌，也因此成為了咖啡濃縮液的代名詞。

咖啡，是種混合了苦味、酸味、甜味，具有獨特的香氣，在世界各地都很受到喜愛的一種飲料。雖然，邊喝咖啡，邊品嘗甜點的情況似乎居多，但是，把咖啡用在製作法式糕點 (Patisserie) 上，與奶油或麵糊等混合，藉由咖啡的風味，就更能夠讓襯托出糕點的甜味來了。

○歷史・產地

關於咖啡的起源，眾說紛紜，最普遍的說法，就是約1575年，阿拉伯開始了栽種，1616年，荷蘭人將咖啡樹帶回歐洲，在爪哇、蘇門達臘等殖民地開始展開栽培。同樣地，西班牙人也在拉丁美洲開始種植咖啡樹，成為了現今咖啡市場上最活絡的產地。

○分類・形狀

咖啡為原產於衣索比亞，與熱帶非洲高地的低木常綠樹。它的果實經由採收後，去果肉，去皮後，所得的種籽，乾燥後，就成為咖啡的生豆了。在生豆的狀態下，咖啡呈現的是淡綠色，再經由咖啡業者烘焙過後，就成了一般所稱的咖啡豆了。咖啡的品種大約有12種，大致上，則可分為阿拉比卡種 (Arabica) 與羅巴斯塔種 (Robusta)。

○味道的特徵

烘焙過的咖啡豆，因焦糖化而散發出香氣來，而原本就有的苦味與甜味，酸味與香味，所組成的均衡味道，就成了它的特徵。一般而言，阿拉比卡種咖啡，整體的味道比較柔和。羅巴斯塔種咖啡，稍微帶點雜味，被認為苦味也比較重一點。

○挑選方式

請依烘焙度、產地、品種的不同，再配合個人的喜好來選購咖啡豆。剛烘焙好，或剛研磨過的咖啡是最香的，所以，請盡量選擇剛烘焙好，還未研磨的咖啡豆，在剛購買時，或即將使用前，再研磨，會比較好。

○保存法

咖啡豆的風味與香氣，很容易就會消失，所以，在購買後，請裝入密閉容器中保存。

○運用技巧

用自己抽出的方式，會比用即溶咖啡，更能夠充分品味咖啡的芳香。為了讓咖啡的味道充分發揮出來，抽出時要濃一點，加入糖漿後，再讓它滲透入麵糊等裡面。即溶咖啡，可以善加發揮其易溶的特性，直接與麵糊等混合，調味。如果用在含有大量巧克力或奶油，味道濃郁的法式糕點上，咖啡的苦味，就成了最佳的點綴。如果與質地較稀的奶油搭配組合，就能夠直接享受咖啡的風味了。但是，咖啡不適合與酸味作搭配。

Tiramisu

提 拉 米 蘇

一提到使用了咖啡的甜點，就會讓人直接聯想到提拉米蘇。

質地濕潤的海綿蛋糕，與加了香濃Mascarpone起司的慕斯，正好讓咖啡的苦味與香氣，能夠充分發揮出來。

提拉米蘇在義大利的家庭中，都是裝在陶器的容器內，用湯匙舀來吃。在此，則是作成正方形，

看起來較中規中矩的甜點。

18cm ✕ **18**cm ✕ **高5**cm 的方形中空模
1個的份量

Génoise
海綿蛋糕

　　全蛋 ···· 4個
　　細砂糖 ···· 120g
　　融化奶油 ···· 40g
　　低筋麵粉 ···· 120g
　○ 低筋麵粉過篩。

Sirop
糖漿

　　水 ···· 200g
　　咖啡 (粉末) ···· 60g
　　30度糖漿 ···· 120g
　　KAHLÚA咖啡利口酒 ···· 30g

Mousse Mascarpone
Mascarpone慕斯

　　Mascarpone起司 ···· 250g
　　吉力丁片 ···· 5g
　　[義式蛋白霜 150g]
　　　蛋白 ···· 50g
　　　細砂糖 ···· 20g
　　　水 ···· 25g
　　　細砂糖 ···· 80g
　　鮮奶油 ···· 250g
　○ Mascarpone起司回復成常溫。
　○ 吉力丁用水泡脹後，隔熱水加溫融化。
　○ 參照p.150~151的步驟，製作義式
蛋白霜。
　○ 打發鮮奶油。

Décor
裝飾

　　可可粉 ···· 適量

海綿蛋糕

1

迅速混合全蛋、細砂糖。隔熱水，加溫到
比人體肌膚溫度稍高時，就攪拌打發。

2

打發到變白，舀起時，會留下像蝴蝶結般
的痕跡時，就從熱水移開，繼續慢慢混合
到變涼，讓質地變得更均勻細緻。

3

將2的一部分加入融化奶油裡，用攪拌器
充分混合。

4

將半量的低筋麵粉加入剩餘的2裡，用橡
皮刮刀，像舀起般地混合。在還未完全混
合好前，再將剩餘的半量加入，混合到完
全看不到粉末為止。然後，加入3，同樣
像舀起般地混合。

5

先將牛皮紙鋪在烤盤上，擺上方形中空
模，再將4倒入，四個角落都要填滿，不
能留有縫隙，用175℃，烤20~25分鐘。

糖漿

1

將水煮沸。關火，加入咖啡，輕輕混合
後，蓋上蓋子，悶約2分鐘。然後，用網
目很細小的濾網撈起咖啡 (粉末的量很多
時，就要用咖啡濾紙了)。

2

隔冰水冷卻，加入30度糖漿混合。再加入
KAHLÚA咖啡利口酒。

慕斯

1

輕輕攪拌Mascarpone起司。取少量與已
融化的吉力丁充分混合。再倒回剩餘的
Mascarpone起司裡，用攪拌器混合
均勻。

2

將義式蛋白霜放入攪拌盆內，加入一部分
的鮮奶油，用橡皮刮刀充分混合。再將剩
餘的鮮奶油加入，繼續混合，留意不要將
氣泡弄破了。

3

將1倒入2裡混合。混合時，邊由下往上舀
起般混合，邊用左手轉動攪拌盆，混合到
沒有結塊為止。＞＞組裝的步驟2結束之
後再進行這個步驟，以免慕斯凝固了。

組裝

1

海綿蛋糕脫模，切除烤得變硬的表面。將
1cm厚的板子放在兩端作固定，將蛋糕橫
切成2塊。

2

將1塊放在18cm的方型中空模底部，塗抹
上大量的糖漿，讓它完全滲透。

3

將慕斯裝入擠花袋裡，擠出約到模型一半
的高度為止。再將另1塊海綿蛋糕擺上
去，輕輕壓平。再塗抹上糖漿。

4

將慕斯擠到約模型的高度，用抹刀整平，
不要留有縫隙。放進冰箱冷藏凝固。脫
模，用加溫過的刀子將四周切整齊。然
後，在表面上撒上可可粉。

Le Chocolat

巧克力

Le Chocolat

巧克力
英: Chocolate
日:チョコレート

>>Pâte de Cacao
／可可塊

可可含量100%，是融化未加糖的可可塊後，再凝固而成的製品。

>>Chocolat Noir
／黑巧克力

可可含量43%以上的巧克力。又被稱之為amer等。由於黑巧克力很能充分發揮出原味來，所以，依產地、品種，或不同的製造廠商，各有不同的混合產品，種類繁多。在日本，則可再分類為苦味與半甜味2種。

>>Chocolat Lait
／牛奶巧克力

可可塊，加上奶粉、砂糖，所混合而成的巧克力。雖然一般而言，覆蓋巧克力(chocolat de couverture)，可可奶油含量較高，牛奶巧克力的可可含量較少，通常，巧克力的可可含量到43%的，都稱之為牛奶巧克力。

>>Chocolat Blanc
／白巧克力

可可奶油含量在20%以上，加上砂糖、保久乳或奶粉，所製成的巧克力。嚴密地說，由於不含可可塊，和巧克力應屬於不同種類的食材。但它的製法、用法都與巧克力很相近。

巧克力，是混合了可可與砂糖，再添加了奶粉以增添香味，所製成的食材。可可本身所具有的香味與苦味，酸味與澀味，加上甜味與濃郁的味道，整體的複雜風味，自古代的阿茲特克(Aztecs) 時代起，人類就對它的魅力為之傾倒。巧克力也為法式糕點增添了無限的可能性。

○歷史

最先開始食用可可，被認為是自南美馬雅文明時代起。1527年，當西班牙人征服了阿茲特克(Aztecs) 時，阿茲特克人已經會將可可豆烘焙過，搗碎，加上砂糖或澱粉類、香料，當作一般的飲料來飲用了。巧克力經由西班牙人傳到歐洲，到了19世紀前半，各國開始出現了巧克力的製造廠商，同時期，美洲開始了可可的栽培，今日，已發展成最大的原產地了。

○分類・形狀

原種於熱帶美洲的可可樹，它的果實，為長30cm、寬約10cm的橢圓形，稱之為「cacaopod」。果實裡，有30~40個粉紅或紫色的種籽 (cacao beans)，將其胚乳加工過之後，就成了可可塊(Pâte de Cacao) 了。它所特有的褐色，是在烘焙的過程中所產生的。

○味道的特徵

採收後的可可，先經過發酵、乾燥處理，再烘焙，搗碎，加工成糊狀。這個階段的可可，就稱之為可可塊(Pâte de Cacao)。然後，再加上砂糖、可可奶油，增添甜味與濃稠度，提煉成滑順的質地，此為最基本的一個製程。巧克力的味道，依所使用的可可種類與產地、烘焙的方法、成分配比、提煉方式，而有所不同。不同種類的可可，苦味或酸味的強度，香味都各異，再依烘焙的方式，來調整苦味與香味，用成分配比來調整甜味與濃度，用提煉的方式，來增添它的豐富性。

○挑選方式

可依照風味的不同，挑選自己喜歡的種類。然而，一般而言，香味濃郁，表面上沒有白色斑點或氣泡，入口後易融的巧克力，品質較好。如果是要用來製作甜點，使用可可奶油含量較高，融點較低的覆蓋巧克力 (chocolat de couverture) 類型的巧克力，用起來會比較便利。

○保存法

保存在15~18℃，最為理想。遠離高溼度，高溫場所，包好以防異味附著上去，放置在溫度較穩定的地方，就可保存長達約半年之久。若是放入冰箱裡，油脂會凝固，入口後就不易融化。最重要的是，無論用何種存放方式，都要避開濕氣，以防發霉。

○運用技巧

酸味、苦味、甜味，搭配得恰到好處的巧克力，在製作甜點時，就彷彿是一種萬能的素材。用在麵糊 (糰) 或奶油裡調味時，使用可可含量高的巧克力，效果會比較好。有時，甚至可以加入可可塊，來更突顯出它的特殊風味。特別是用來製作糖衣，或工藝時，最好是使用覆蓋巧克力 (chocolat de couverture)。巧克力的香味，特別適合用來製作冰淇淋，或冰沙。

Tempérage par Tablage
使用工作台來調溫

調溫，就是指將巧克力加熱融化後，再讓它降溫，藉由這樣的作法，可以邊適度地掌握溫度，讓巧克力的分子變成細小的結晶，變得更加地安定，使巧克力在入口後，口感更佳。「Tablage」，就是使用溫度低的大理石台來調溫，比較一般普遍的作法。

Tempérage dans un Bol
使用攪拌盆來調溫

在缺乏充分的空間，或道具，或者是只需要少量的巧克力的情況下，就可以利用攪拌盆來調溫。但是，降溫時，由於是隔冰水來冷卻，溫度就很容易急速下降，所以，用這種方式來調溫，難度特別高。因此，正確地觀察巧可力的狀況，在適當的時機結束調溫，非常地重要。另外，白巧克力的調溫，溫度需低一點，也請特別留意。

1

將切碎的巧克力放進攪拌盆內，隔熱水，或直接用爐火，加熱到50~55℃，讓它融化。將2/3量倒到大理石台上。

2

用三角抹刀抹攤開來，以降低溫度。

3

右手拿著三角抹刀，左手拿著大的抹刀，用右手舀起巧克力，左手磨擦，再讓它流到台上。

4

溫度還很高時，將巧克力大大地抹攤開來，溫度就可以下降得很快。重複3的步驟。

5

即使是在工作台上時，也要常常將巧克力移到溫度較低的其它地方，讓它的溫度可以逐漸地下降。

6

隨著溫度下降，巧克力會逐漸喪失流動性，開始變得濃稠，變重。

7

等到溫度降到26~27℃時，巧克力就會變得沉重，若是要將它整理到一起，就會開始起皺。此時，就可以裝回放著剩餘的巧克力的攪拌盆內。

8

用橡皮刮刀，將剩餘的巧克力與調溫過的巧克力充分混合。

9

隔熱水加熱，讓它回溫到30~31℃，巧克力就會開始變得有流動性，有光澤。若是用橡皮刮刀舀起，就會呈緩緩留下的狀態。這就表示已調溫完成了。＞＞如果加熱到比這還高的溫度，再次結晶過的巧克力就會回復成原狀，請特別留意。在這種情況下，就得再重新進行步驟1~8的過程了。

1

隔熱水加熱融化白巧克力，讓溫度上升到45~50℃。然後，移到裝了冰水，大一圈的攪拌盆上，隔冰水降溫。＞＞由於底下隔著冰水時，溫度會急速下降，所以，要用橡皮刮刀繼續充分混合。尤其是攪拌盆內較接近冰水的部分，很容易就會結塊，要用橡皮刮刀從底部反覆地混合。還有個秘訣，就是先隔冰水冷卻，然後，移開，讓它稍微回溫，不要讓它一直冷卻，就比較不會失敗了。

2

等混合到橡皮刮刀開始感受到阻力時，就表示已經接近「Tablage」步驟5的狀態了。此時，用手指觸摸，試探溫度。若是感覺到微溫，就是約在25℃了。

3

隔熱水加熱約3~5秒，讓溫度上升。到約27~28℃，就可以結束調溫了。

4

確認調溫是否已完成時，請用抹刀的前端，沾上巧克力，放置4~5分鐘。如果巧克力凝固了，就表示調溫成功。如果失敗了，就要再從頭開始，重複所有的步驟。

＞＞Palette／抹刀

平板的鐵片上，裝上了手持部分的一種道具。在巧克力調溫時，可以用來舀起巧克力，抹開攤平，或磨擦巧克力，將表面整平等，用途非常地廣泛。

Décors en Chocolat
裝飾

巧克力在造型，或需作出特別設計的形狀時，適度地作溫度調整，是成功的一大秘訣。大多數的裝飾，都是利用調溫過巧克力所呈現的光澤來作造型。然而，其中卻也有的是只能利用沒有調溫過的巧克力特性來表現的。首先，最重要的就是要熟悉掌握基本知識，再巧妙地運用到各種不同的用途上。

Spirale
漩渦形裝飾

1

將工作台稍微沾濕，放上塑膠膜，讓它緊密黏貼住。用廚房紙巾等擦拭乾淨，讓表面上不要留下指紋。

2

用抹刀將調溫過的巧克力，適度地放到塑膠膜上。邊用波紋板劃出紋路來，邊將巧克力一直線地拉攤開來。

3

用抹刀將巧克力的兩端整理成直角。在巧克力還沒完全凝固前，從工作台移開，連同塑膠膜，捲起來。

4

作成適度大小的捲形，兩端用磁鐵或其它重物固定住，就這樣放到完全凝固為止。凝固後，將重物移除，放進冰箱冷藏。最後，撕除塑膠膜。

Plaquette
版型裝飾

1

將塑膠膜貼在工作台上，用廚房紙巾等將表面擦拭乾淨。邊用波紋板劃出波紋來，邊將調溫過的巧克力拉攤開來。

2

將塑膠膜從工作台上移開，切割後，放到烤盤上，再放進冰箱冷藏凝固。

3

配合模型的形狀，切割襯紙後，再切割成自己想要的形狀。

4

將巧克力薄薄地攤開在烤盤紙上，再放上3的紙型，切割。然後，就這樣放著讓它自然地凝固。>>放上紙型後，再用重物按壓，就可以防止切割時扭曲不整齊。

5

移除重物，用刀子等將形狀整理漂亮，再用巧克力噴飾 (pis-tolet chocolat)。

Plaquette Boisée
木紋裝飾

1

將調溫過的黑巧克力放在塑膠膜上，用木織板 (boisette)，邊劃上木紋，邊拉展開來。

2

移到工作台上的其它地方放。

3

用調溫過的白巧克力，或其它染過色的巧克力，在上面塗抹上薄薄的一層。>>塗抹上的厚度，大約是看透過去時，可以看到木紋般的厚度。

4

在還未完全凝固時，適度地畫上三角形等形狀，放進半圓筒模內，讓它捲曲。放進冰箱冷藏凝固。

5

如果想做成平的，就放上重物，再放進冰箱冷藏凝固。等到巧克力變得不會黏手時，就放上板子來切，讓木紋可以很漂亮地展現出來。撕除塑膠膜。

Filet
網狀裝飾

1

將已融化的巧克力裝入用紙捲起所作成的擠花袋裡，劃出細的直線來。

2

對角也用同樣地方式疊劃出細的直線來，凝固後，用圓形中空模切割。

Pétale
花瓣形裝飾

1

用抹刀舀起巧克力，一下抹到冷藏過的托盤，或工作台上，按壓拉開來。這樣就可以作出花瓣形的裝飾來了。

>> *Peigne et Boisette*
/波紋板與木織板

波紋板，是用來在融化巧克力上作出花紋，帶有鋸齒溝槽的板子。如果自己切割製作，就可以自行調節溝槽的大小了。橙色的塑膠製木織板，是用來在巧克力上滑動，以作出木紋的道具。

Éventail
扇形裝飾

1

使用的是沒有調溫的巧克力。先用烤箱，以50～55℃，加熱烤盤，再將少量的融化巧克力放上去，抹攤開來。＞＞也可使用導熱性佳的托盤等平坦的容器，來代替烤盤。

2

放進冷凍庫，讓它瞬間冷卻，冷藏到用手觸摸時，也不會黏手的程度。等冷藏到完全變硬，就取出，放置室溫下，讓它回復到適合用來造型的溫度。

3

依不同的用途，選用不同寬度的抹刀，邊用左手的食指按著一側的邊緣，邊往前削切巧克力。用手指按壓住一側，就可以削切出扇形般的皺摺來了。

4

若是溫度太低，巧克力就會變得很硬，削切時，就會龜裂開來（左圖）。＞＞若是溫度太高，削切下來的巧克力，就會呈軟弱扭曲的狀態（右圖）。

5

翻面，放在托盤上，將下面切齊後，再用來作裝飾。

6

將4～5的步驟時間拉長，就可以製作更細的皺摺來了。

7

迅速捲起，就可以作成花朵的形狀了。

Corne
喇叭形的裝飾

1

進行扇形裝飾的步驟，到步驟2為止。邊用抹刀往前削切，邊用手拿著邊緣，削切出帶狀來。

2

斜斜地捲成圓形，就會變成喇叭形了。如果不用手拿著，直直地削切，就會自然地捲起，變成煙捲的形狀了。

Glaçage Chocolat
巧克力糖衣

巧克力糖衣，雖然基本的作法是共通的，卻會依照不同的用途，而改變成分比例。舉例來說，有時為了加強整個包覆上的糖衣的凝固力，但又不想做得太厚，就會以混合果仁，塗抹2層的方式來做。葡萄糖如果煮沸，就會失去光澤，所以，請在從爐火移開後，再加入。

1

將除了葡萄糖與巧克力以外的所有材料，全部放進鍋內，加熱到完全融化，沸騰。

2

從爐火移開後，加入葡萄糖。

3

緩緩倒入已隔熱水加熱融化，或切碎的巧克力裡，另一手用攪拌器，輕輕混合，做成有光澤的乳化狀。

4

混合到沒有結塊時，用孔很細小的濾網過濾，再用保鮮膜密封起來，靜置。

Pistolage
巧克力噴飾

巧克力噴飾，就是指用噴射式的道具，在冰涼的蛋糕表面，噴附上像霧般細緻的巧克力。噴附上後，巧克力的分子會在瞬間凝固，細小的粒子互相重疊，凝固，就可以形成像天鵝絨般的質感來。

1

要用巧克力做噴飾的蛋糕等，必需先放進冷凍庫冷藏。再用刀子等，將表面整理得平坦整齊。＞＞噴飾時，只需形成很薄的一層巧克力即可。噴飾好後，蛋糕等表面上原本就凹凸不平的地方，就會顯現得一清二楚，所以，務必要先整平後再噴飾。

2

放置在轉盤上，距離30cm以上，進行噴飾。

＞＞Pistolet
／噴槍

雖然也有使用瓦斯的噴槍，但一般多用油漆的噴槍。先將融化巧克力裝入，像拿槍般地手握把手，巧克力就會從正面的噴嘴，像霧般地噴射出來了。

Douceur Lactée

都什拉克堤

在法文中，「Douceur」為甜美，柔和之意。「Lactée」為牛奶之意。
這道甜點，正如其名，是種既甜美，又味道溫和的巧克力蛋糕。
由入口即化的達垮司 (Dacquoise)，加上細緻柔滑的甘那許 (Ganache)，組合而成。
另外還有焦糖風味的慕斯，讓它成為整體口感極度細膩，味道柔和的高雅甜點。

Arabica

阿 拉 比 卡

這是道由咖啡慕斯，與焦糖風味的牛奶巧克力，加上黑巧克力的糖衣，所組合而成的甜點。

柔滑的慕斯與甘那許，加上比斯吉的組合，讓巧克力的香味能夠更加地發揮出來，成為一種給人感覺很適合大人品嚐的甜點，

它的果仁與薄脆片 (feuillantine) 所帶給人的口感與芳香，更增添了它的輕快感。

Douceur Lactée
都什拉克堤

直徑16cm × 高4.5cm 的圓形中空模
1個的份量

Dacquoise Chocolat
巧克力達垮司

　無鹽奶油 ···· 40g
　可可塊 ···· 30g
　A: 蛋白 ···· 200g
　　　細砂糖 ···· 65g
　B: 糖粉 ···· 100g
　　　杏仁粉 ···· 135g
　　　低筋麵粉 ···· 40
　巧克力碎片 (Chocolate Chip) ···· 100g
○ 切碎巧克力塊。
○ 打發A，製作蛋白霜。
○ 混合B的粉類，過篩。

Mousse Chocolat Lait
牛奶巧克力慕斯

　蛋黃 ···· 60g
　細砂糖 ···· 40g
　鮮奶油 ···· 80g
　吉力丁片 ···· 3g
　牛奶巧克力 ···· 170g
　鮮奶油 ···· 290g
○ 吉力丁用水泡脹。
○ 切碎巧克力。
○ 輕輕打發290g的鮮奶油。

Ganache Vanille Crémeux
奶油香草甘那許

　香草莢 ···· 1支
　鮮奶油 ···· 100g
　黑巧克力 (可可含量70%) ···· 70g
　轉化糖 ···· 10g
○ 切碎巧克力。

Sirop
糖漿

　水 ···· 150g
　細砂糖 ···· 100g
　可可粉 ···· 20g
　蘭姆酒 ···· 20g
○ 除了蘭姆酒之外，其它的材料加熱到
沸騰，溶解，從爐火移開後，再加入蘭
姆酒。

Décor
裝飾

　[果凍]
　　杏桃鏡面果膠 ···· 適量
　　果膠 ···· 適量

　[版型裝飾 (Plaquette)]
　　牛奶巧克力 ···· 適量
　　噴飾巧克力用牛奶巧克力 ··· 適量
　[巧克力小圓餅 (Macaron)]
　　蛋白 ···· 75g
　　細砂糖 ···· 35g
　　杏仁粉 ···· 70g
　　糖粉 ···· 110g
　　可可粉 ···· 15g
　黃奶油 (Créme au beurre) ···· 適量
○ 混合果凍的材料。
○ 參照p.128的步驟，製作版型裝飾
(Plaquette)。
○ 參照p.63的步驟，製作小圓餅。

4

快要完全混合好前，加入巧克力碎片混合。將矽利康烤布鋪在烤盤上，把直徑16℃的圓形中空模擺上去後，將麵糊倒入。

5

用烤箱，以160℃，烤約15～20分鐘，到中心都完全乾燥了為止。

巧克力達垮司

1

將奶油放進鍋內，加熱到變成黃褐色，製作褐色奶油 (beurre noisette)。邊用濾網過濾，邊從上往下倒入放著巧克力塊的攪拌盆內，融化巧克力塊。

2

加入少量的蛋白霜，充分混合後，再倒回剩餘的蛋白霜裡，迅速混合。

3

即將要混合好前，加入B的粉類，迅速混合。

牛奶巧克力慕斯

1

將少量的細砂糖加入蛋黃裡，攪拌到顏色泛白為止。

2

將剩餘的細砂糖放進鍋內，不要加水進去，加熱到冒出白色泡沫，變成黃褐色為止。

3

將80g的鮮奶油煮沸，再一點點地加入2裡，製作焦糖奶油。

4

每次用極少量，一點點地將3加入1裡混合。加入吉力丁片融化。然後，倒回鍋內，邊攪拌，邊加熱到85℃。

3

加入轉化糖混合。

5

將直徑16cm的圓形中空模擺上去，注入慕斯，到3cm的厚度。

5

邊用孔徑較大的濾網過濾，邊注入已切碎的牛奶巧克力裡，再用攪拌器混合融化，注意不要結塊了。

組裝

1

將達垮司的表面切平，兩側放著1cm厚的板子固定，橫切成2塊。再用直徑14cm的圓形中空模切割。

6

將3的達垮司倒扣，擺放到慕斯的中央。擠出慕斯，將留下的縫隙填滿，並用抹刀按壓，以免裡面留有空洞。然後，放進冷凍庫，冷藏凝固。

6

讓5稍微冷卻，到溫度約為40～45℃時，與一部分已打發的鮮奶油充分混合。然後，再倒回剩餘的鮮奶油裡，混合到沒有結塊為止。

2

將其中的1塊的單面放進裝在托盤裡的糖漿中浸濕，再放回1的圓形中空模裡。

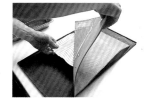

7

凝固後，倒扣，撕除矽利康烤布，將圓形中空模周圍多餘的奶油、慕斯刮除。

奶油香草甘那許

1

剝開香草莢，刮下香草籽。將香草莢、香草籽加入鮮奶油裡，加熱到沸騰。

3

從上往下倒入干那許，到約1cm的厚度。再將另1塊達垮司的雙面都放進裝在托盤裡的糖漿中浸濕，再疊放上去。然後，放進冷凍庫，冷藏凝固。

8

淋上果凍，用抹刀抹勻。再脫模，用巧克力的裝飾，與小圓餅做裝飾。

2

一點點地倒入裝著切碎的黑巧克力的攪拌盆裡，融化混合。

4

將黃奶油 (Crème au beurre) 放在矽利康烤布上，薄薄地抹攤開來，用溝槽較大的波紋板，劃出波浪般的紋路來。放進冷凍庫，冷藏凝固後，將少量的慕斯放上去，用抹刀按壓，將溝縫填滿。

30cm × **8**cm × 深**7**cm 的半圓筒模
1個的份量

Biscuit Noisette-Café
榛果咖啡比斯吉

全蛋 ···· 3個
細砂糖 ···· 80g
榛果粉 ···· 100g
無鹽奶油 ···· 20g
即溶咖啡 ···· 1大匙
低筋麵粉 ···· 30g
A: 蛋白 ···· 130g
　　細砂糖 ···· 50g
榛果 (新鮮，完整顆粒) ···· 100g
○ 低筋麵粉過篩。
○ 打發A，製作蛋白霜。
○ 榛果切碎。

Praliné Feuilletine
帕林內薄脆片

牛奶巧克力 ···· 60g
榛果帕林內
　　(糊，參照p.93) ···· 120g
薄脆片 (feuillantine) ···· 70g

Caramel Chocolat
焦糖巧克力

細砂糖 ···· 75g
鮮奶油 ···· 110g
無鹽奶油 ···· 75g
B: 牛奶巧克力 ···· 100g
　　黑巧克力 ···· 50g
○ 鮮奶油加熱到沸騰。
○ 混合融化B的2種巧克力。

Mousse Café
咖啡慕斯

鮮奶油 ···· 100g
牛奶 ···· 50g
咖啡 (粉末) ···· 22g
蛋黃 ···· 4個
細砂糖 ···· 20g
吉力丁片 ···· 6g
鮮奶油 ···· 225g
[義式蛋白霜]
蛋白 ···· 50g
細砂糖 ···· 67.5g
水 ···· 30g
細砂糖 ···· 22.5g
○ 吉力丁片用水泡脹。
○ 稍微打發225g的鮮奶油。
○ 參照p.151~152的步驟，製作義式蛋白霜。

Glaçage Noisette
榛果糖衣

牛奶 ···· 100g
鮮奶油 ···· 100g
無色鏡面果膠 ···· 15g
可可粉 ···· 10g
葡萄糖 ···· 65g
黑巧克力 (可可含量70%) ···· 200g
榛果 (烘烤過) ···· 70g
○ 參照p.129的步驟，製作糖衣。
○ 一部分與榛果混合。

Sirop
糖漿

水 ···· 150g
細砂糖 ···· 175g
即溶奶粉 ···· 15g
干邑白蘭地 ···· 25g
○ 加熱溶解除了干邑白蘭地之外的所有材料。從爐火移開後，再加入干邑白蘭地。

Décor
裝飾

焦糖味烤榛果 ···· 適量
白巧克力 ···· 適量
○ 參照p.93的步驟，製作帕林內，再將用焦糖沾滿榛果。
○ 參照p.128的步驟，製作巧克力的漩渦形裝飾。

榛果咖啡比斯吉

1
混合全蛋、細砂糖、榛果粉。隔熱水，邊加溫到常溫的程度，邊攪拌打發到顏色泛白為止。

2
將奶油放進鍋內，加熱到變成褐色，再用濾網過濾，製作焦奶油。

3
依序將即溶咖啡、2的奶油加入1裡混合。再將已過篩的低筋麵粉加入，迅速混合。

4
先將少量的蛋白霜加入3裡混合，再倒回剩餘的蛋白霜裡，用橡皮刮刀，迅速混合。

5
將4倒入烤盤裡，用抹刀抹勻，讓厚度一致。再將榛果散放上去，輕壓後，放進烤箱，以190~200℃，烤10~15分鐘。

帕林內薄脆片

1
先融化牛奶巧克力，再與榛果帕林內充分混合。然後，再與薄脆片迅速混合。

2
先將2塊5mm厚的板子放在矽利康烤布上，間隔9cm，再將1攤放在中間，約長30cm以上。

3
用抹刀抹平，放上紙，用擀麵棒在上面滾動，將表面整平。再移除兩側的板子，放進冷凍庫，冷藏凝固。

焦糖巧克力

1

將細砂糖放進鍋內加熱，不要加水進去，讓糖溶解。加熱到開始冒出白煙，變成焦糖時，再將已煮沸的鮮奶油一點點地加入，用木杓混合。

2

將奶油加入融化，再用濾網過濾。

3

再與2種巧克力充分混合。

咖啡慕斯

1

加熱抽出鮮奶油、牛奶、咖啡。一旦沸騰了，就馬上用濾網過濾，秤重預留150g。

2

先將蛋黃、細砂糖，混合到顏色泛白，質地變得濃稠，再將150g的1加入。再加熱到85℃為止。

3

先加入吉力丁片融化，再次用濾網過濾。然後，隔冰水散熱。

4

輕柔地混合鮮奶油、義式蛋白霜。

5

將少量的4加入3裡迅速混合，再倒回剩餘的4裡，迅速混合。

組裝

1

將比斯吉切成長30cm，寬比半圓筒模的圓周再多出2cm的大小。將有果仁的那面朝上，放在硫酸紙上，塗抹上大量的糖漿後，再放進半圓筒模裡。然後，再從剩餘的比斯吉，切下30cm×6cm、30cm×8cm的2塊。

2

將慕斯倒入，到一半的高度。

3

將30cm×6cm的比斯吉放上去，再塗抹上糖漿。

4

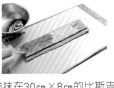

將焦糖巧克力倒入模型內，到整個填滿，再放進冰箱，冷藏凝固。

5

將糖漿塗抹在30cm×8cm的比斯吉上。然後，將這面朝下，疊放在帕林內薄脆片上，另一面也塗抹上糖漿後，再將多餘的帕林內切除。

6

將帕林內薄脆片那面朝上，疊在4上面，再放進冰箱，冷藏凝固。

7

脫模，撕除硫酸紙，再整個澆淋上加熱過的糖衣。然後，再用摺疊成細長條狀的保鮮膜，從外側往內側，沿著表面拉，以便將多餘的糖衣削除。再放進冷凍庫，冷藏。

8

剩餘的糖衣，隔熱水加熱，再用濾網過濾。然後，將烤過切碎的榛果加入，再整個淋到7的上面。

9

用橡皮刮刀將掉落在下面的榛果撈起，趁還未凝固前，貼滿整個表面。最後，再放上巧克力的裝飾，與焦糖味的榛果。

Croustillant Gianduja

姜都亞脆餅蛋糕

這是道由加了榛果的巧克力、姜都亞 (Gianduja)，與芳香的脆餅 (Croustillant)，
加了杏仁，味道香濃的比斯吉，所組合而成，讓人可以充分享受巧克力香味的甜點。
由於製作時，既不用淋上糖衣，也不用將巧克力調溫，特別適合初學者來嘗試看看哦！

Tartelette Chocolat-Passion

百香果巧克力塔

具有強烈酸味的百香果，與味道柔和的牛奶巧克力，在巧克力糖裡，可以說是非常受到歡迎的組合。
當兩者合為一體時，甜味與苦味，還有酸味，就會相互輝映，在口中散發開來，成為極有震撼力的風味。
香脆的酥餅 (Pâte Sablée)，配上滑順的奶油，與濕潤的比斯吉，更能夠突顯出它味道的獨特之處。

Croustillant Gianduja

姜都亞脆餅蛋糕

直徑16cm×高4.5cm 的圓形中空模
1個的份量

Biscuit Amande-Chocolat
杏仁巧克力比斯吉

　　全蛋 ···· 1個
　　蛋黃 ···· 2個
　　A:杏仁粉 ···· 70g
　　　糖粉 ···· 50g
　　B:蛋白 ···· 2個的份量
　　　細砂糖 ···· 50g
　　C:玉米粉 ···· 30g
　　　可可粉 ···· 30g
○ 混合全蛋、蛋黃，一起攪開。
○ A的粉類、C的粉類，分別過篩。
○ 打發B，製作蛋白霜。

Mousse Gianduja
姜都亞慕斯

　　姜都亞 ···· 300g
　　鮮奶油 ···· 100g
　　鮮奶油 ···· 140g
○ 切碎姜都亞。
○ 將100g的鮮奶油加熱到沸騰。
○ 輕輕打發140g的鮮奶油。

Croustillant aux Amandes
杏仁脆餅

　　細砂糖 ···· 30g
　　水 ···· 15g
　　杏仁 (帶皮，整顆粒) ···· 100g
　　無鹽奶油 ···· 適量

Sirop
糖漿

　　水 ···· 80g
　　細砂糖 ···· 30g
　　可可粉 ···· 15g
　　柑桂酒 (Grand Marnier) ···· 30g
○ 先將水、細砂糖，加熱到沸騰，再加入可可粉，關火，加入柑桂酒，放涼。

Pistolage
噴飾用巧克力

　　黑巧克力 ···· 300g
　　可可奶油 ···· 200g
○ 混合融化材料。

Décor
裝飾

　　黑巧克力 ···· 適量
　　杏仁 ···· 適量
○ 參照p.129的步驟，製作扇形、喇叭形裝飾。

杏仁巧克力比斯吉

1 將A的粉類加入攪開的蛋裡。

2 邊隔熱水加熱，邊不斷地攪拌混合。加熱到將手指伸進去時，可以感覺到熱的狀態，就從熱水移開，像磨擦般地混合到顏色泛白，質地變得濃稠為止。

3 將B的蛋白霜一次加入，用橡皮刮刀，輕柔地混合，再將C的粉類篩入，繼續輕輕地混合到沒有結塊為止。

4 先將牛皮紙鋪在烤盤上，再擺上直徑16cm的圓形中空模，把3倒入。將表面稍微整平後，放進烤箱，以180℃，烤30~40分鐘。

5 用刀子刺刺看，如果沒有麵糊沾在上面，就表示已烤好了。

姜都亞慕斯

1 把姜都亞放進攪拌盆裡，再一點點地加入已煮沸過的鮮奶油，用攪拌器，混合到乳化為止。＞＞如果將鮮奶油一次全部加入，巧克力就會焦掉，所以，請一點點地加入混合。

2 把姜都亞、鮮奶油混合均勻，到像膏狀般可以拉長的狀態時，就停止混合，靜置。＞＞3以後的步驟，在即將組裝前再進行即可。

3 將稍微打發過的鮮奶油，加少量到2裡，再用攪拌器混合。

4 慢慢地與鮮奶油混合，後半段時，改用橡皮刮刀，切記不要打發，迅速而輕柔地混合。

杏仁脆餅

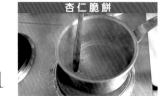

1 將細砂糖、水，放進鍋內，加熱到沸騰。

2

從爐火移開，加入杏仁。讓杏仁的表面沾滿砂糖般地混合。

3

砂糖的狀態，在攪拌的過程中，由於水分逐漸蒸發，會從原本有光澤而透明的質地，變成白色的結晶。

4

此時，再度用小火加熱，既可以讓砂糖變得焦糖化，還可以同時將杏仁煮熟。加熱時，要不斷地刮下附著在鍋壁上的砂糖，並攪拌混合，以免砂糖燒焦了。

5

等加熱到砂糖變色，完全溶解時，就從爐火移開，立即加入奶油混合，以免杏仁黏在一起。

6

將杏仁攤放在矽利康烤布上，用手將沾黏一起的杏仁剝開來，放涼。

組裝

1

用直徑14cm的圓形中空模來切割比斯吉。然後，先在兩側放置1.5cm厚的板子固定，橫切下用來鋪在底部的比斯吉塊，再換成用1cm厚的板子固定，橫切下用來夾在中間的比斯吉塊。

2

將底部那塊放在襯紙上，用毛刷，將糖漿塗抹上去，讓糖漿完全滲透。再用直徑16cm的圓形中空模框住。

3

把姜都亞慕斯裝進裝上了圓形擠花嘴的擠花袋內，擠到圓形中空模與比斯吉間的空隙中。然後，再由外側往中央，像漩渦狀般地擠在表面上。

4

用湯匙背面按壓，讓慕斯可以緊貼著圓形中空模。

5

避免碰觸到圓形中空模的側面，將杏仁散放在表面上。然後，在杏仁上面稍微塗抹些慕斯上去。

6

用來夾在中間的那塊比斯吉，也用毛刷，將糖漿塗抹上去。然後，將這面朝下，疊放在5上，再將剩餘的糖漿，大量地塗抹在表面上，讓糖漿完全滲透進去。

7

將剩餘的慕斯倒入，用抹刀將表面整平後，放進冷凍庫，冷藏凝固。

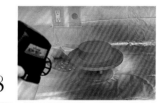

8

脫模，將表面整平後，噴飾上巧克力。最後，再用杏仁脆餅 (Croustillant aux Amandes) 與巧克力裝飾作裝飾。

Tartelette Chocolat-Passion

百香果巧克力塔

直徑 **7.5**cm × 高 **2.5**cm 的塔模
12~15個的份量

Pâte Sablée Chocolat
巧克力酥餅

    A: 低筋麵粉 ···· 170g
       杏仁粉 ···· 20g
       糖粉 ···· 70g
       可可粉 ···· 15g
       鹽 ···· 1g
    無鹽奶油 ···· 90g
    蛋黃 ···· 35g
○ 混合A的粉類，過篩。
○ 奶油放進冰箱冷藏。
○ 蛋黃攪開。

Biscuit Joconde Chocolat
巧克力喬康地比斯吉

    全蛋 ···· 3個
    杏仁粉 ···· 100g
    細砂糖 ···· 80g
    融化奶油 ···· 20g
    B: 低筋麵粉 ···· 25g
       可可粉 ···· 15g
    C: 蛋白 ···· 130g
       細砂糖 ···· 50g
○ 混合B的粉類，過篩。
○ 打發C，製作蛋白霜。

Crémeux Fruit de la Passion
百香果奶油

    百香果泥 ···· 200g
    蛋黃 ···· 5個
    細砂糖 ···· 40g
    牛奶巧克力 ···· 200g
    鮮奶油 ···· 50g
○ 融化巧克力。

Sirop
糖漿

    30度糖漿 ···· 100g
    百香果泥 ···· 50g
○ 混合材料。

Glaçage Chocolat Lait
牛奶巧克力糖衣

    牛奶 ···· 50g
    鮮奶油 ···· 50g
    無色鏡面果膠 ···· 10g
    可可粉 ···· 5g
    葡萄糖 ···· 40g
    牛奶巧克力 ···· 160g
○ 參照p.129的步驟，製作糖衣。

Décor
裝飾

    白巧克力 ···· 適量
    金箔 ···· 適量
○ 參照p.128的步驟，製作漩渦形裝飾。

巧克力酥餅

1
將粉類攤開在工作台上，奶油放在上面，用刮板切碎。

2
用兩手像摩擦般地混合粉類、奶油，到變成像沙般的狀態為止。

3
圍成環狀，將蛋黃倒入中央，再從內側開始混合。

4
用左手混合粉類、蛋黃，再用右手在工作台上，像要按壓摩擦般地，混合到沒有結塊為止。然後，用保鮮膜覆蓋，放進冰箱，冷藏靜置一晚。

5
第二天，將麵糰攤開成1~2mm厚，再用直徑13cm的圓形中空模切割。

6
先將切割下來的麵皮套入塔模裡。再用姆指與食指，邊夾住塔模的側面與麵皮，邊按壓，讓它們緊貼。

7
為了讓塔的底部形成漂亮的直角，將麵皮套入塔模後，要先將底部的麵皮稍微壓得凸出去一點，最後，再將底部壓在工作台上來整平。用刀子切除多餘的麵皮。

8
稍微靜置後，再用叉子打洞，放進烤箱，以180℃，烤約15分鐘。

巧克力喬康地比斯吉

1
將全蛋加入杏仁粉、細砂糖裡，充分混合到顏色泛白為止。

2

將一部分加入融化奶油裡充分混合後,再倒回剩餘的1裡混合。

3

加入B的粉類,迅速混合。

4

將一部分C的蛋白霜加入3裡,用橡皮刮刀充分混合後,再倒回剩餘的蛋白霜裡輕輕混合。

5

先將硫酸紙鋪在烤盤上,再將4倒入,用抹刀抹開成薄薄的一層。

6

放進烤箱,以200℃,烤10分鐘。然後,立刻從烤盤移開,放到網架上冷卻,以免烤盤的餘溫繼續加熱比斯吉。

百香果奶油

1

煮沸百香果泥。

2

先混合蛋黃、細砂糖。再將1一點點地加入攪拌混合。混合好後,倒回1的鍋內。

3

加熱數秒鐘,讓溫度升高,同時也可以達到低溫殺菌的效果。然後,邊用濾網過濾,邊倒入攪拌盆裡。

4

緩緩地倒入已融化的牛奶巧克力裡混合。

5

加入鮮奶油,混合到沒有結塊為止。

組裝

1

用直徑6cm的圓形中空模切割比斯吉,再放到糖漿裡沾濕。

2

放在已用塔模烤好的酥餅 (Pâte Sablée) 裡。

3

倒入奶油,到約剩1cm的高度為止,以預留空間作糖衣。然後,放進烤箱,以100℃,加熱約7~8分鐘,烘烤到搖晃塔時,奶油的表面一點都不會晃動的程度為止。>>如果烤太久了,奶油的滑順感就會喪失,請特別留意。

4

塔冷卻到室溫的程度時,就倒入少許巧克力糖衣,讓塔稍微傾斜,以均勻地分佈在表面上。請特別注意,如果塔的溫度太冷,糖衣就無法在表面上流動了。最後,再用巧克力裝飾與金箔,作裝飾。

Choco Orange

柳 橙 巧 克 力 蛋 糕

這是道由帶著苦味的黑巧克力，搭配微苦甘甜味，充滿魅力的柳橙，所成的絕佳風味組合。這樣的組合，在糖果 (confiserie) 中，也很常見。

這道甜點，主要是由比斯吉、慕斯、奶油這三部分所組合而成。

吃的時候，最先散發出來的，就是從奶油飄散出的柔和柳橙香，

然後，逐漸與巧克力的風味融合在一起。最後，留在口中的，就是讓人回味無窮，苦味的回韻。

Ivoire

象牙蛋糕

這道甜點，在入口後，最先散發出來的，就是香草的香甜味。
白巧克力的牛奶風味，讓香草的香味更加地突顯出來。
其中的糖煮紅果，無論是在視覺，或味覺上，都為這道甜點增添了鮮明的色彩。
果實的酸甜味，在整體的柔和風味中，特別具有畫龍點睛的效果。

Choco Orange
144 柳橙巧克力蛋糕

直徑16cm × 高4.5cm 的圓形中空模
1個的份量

Biscuit Sacher Chocolat
巧克力比斯吉莎雪
羅瑪斯棒 (杏仁含量較高的marzipan)
　　‧‧‧‧ 85g
蛋黃 ‧‧‧‧ 6個
細砂糖 ‧‧‧‧ 65g
融化奶油 ‧‧‧‧ 75g
A: 蛋白 ‧‧‧‧ 210g
　　細砂糖 ‧‧‧‧ 130g
B: 低筋麵粉 ‧‧‧‧ 75g
　　可可粉 ‧‧‧‧ 50g
○ 羅瑪斯棒回復成常溫。
○ 打發A，製作蛋白霜。
○ 混合B的粉類，過篩。

Crémeux Orange
柳橙奶油
蛋黃 ‧‧‧‧ 2個
細砂糖 ‧‧‧‧ 20g
柳橙汁 ‧‧‧‧ 100g
橙皮磨泥 ‧‧‧‧ 1個的份量
吉力丁片 ‧‧‧‧ 1.5g
柑桂酒 (Grand Marnier) ‧‧‧‧ 5g
○ 冷藏柳橙汁。
○ 吉力丁片用水泡脹。

Mousse Chocolat-Orange
柳橙巧克力慕斯
黑巧克力 (可可含量70%) ‧‧‧‧ 150g
蛋黃 ‧‧‧‧ 90g
細砂糖 ‧‧‧‧ 30g
柳橙汁 ‧‧‧‧ 45g
橙皮 ‧‧‧‧ 30g
鮮奶油 ‧‧‧‧ 270g
○ 切碎黑巧克力。
○ 稍微打發一下鮮奶油。

Sirop
糖漿
柳橙汁 ‧‧‧‧ 100g
橙皮磨泥 ‧‧‧‧ 1個的份量
30度糖漿 ‧‧‧‧ 30g
柑桂酒 (Grand Marnier) ‧‧‧‧ 20g
○ 混合素材，加熱到沸騰。

Graçage Noir
黑巧克力糖衣
杏桃鏡面果膠 ‧‧‧‧ 15g
鮮奶油 ‧‧‧‧ 100g
牛奶 ‧‧‧‧ 100g
可可粉 ‧‧‧‧ 10g

葡萄糖 ‧‧‧‧ 65g
黑巧克力 (可可含量70%) ‧‧‧‧ 200g
○ 參照p.129的步驟，製作糖衣。

Décor
裝飾
白巧克力 ‧‧‧‧ 適量
食用色素 (黃) ‧‧‧‧ 適量
黑巧克力 ‧‧‧‧ 適量
乾燥柳橙 ‧‧‧‧ 適量
○ 參照p.155的步驟，製作乾燥柳橙，再塗抹上無色鏡面果膠。
○ 參照p.128的步驟，製作木紋裝飾。

4

將矽利康烤布鋪在烤盤上，再放上直徑16cm的圓形中空模，將3倒入。

5

放進烤箱，以180℃，烤40~50分鐘。

巧克力比斯吉莎雪

1

將羅瑪斯棒放進攪拌盆裡，再把蛋黃1個個地加進去。用橡皮刮刀，按壓般地混合。

2

加入細砂糖，用攪拌器，充分混合到顏色泛白為止。然後，加入融化奶油。

3

將少量A的蛋白霜加入2裡，充分混合後，再倒回剩餘的蛋白霜裡，用橡皮刮刀，從底部撈起般地反復混合。等混合完成約8成時，加入已過篩的B的粉類混合。

柳橙奶油

1

先混合好蛋黃、細砂糖，再加入柳橙汁混合。

2

先用濾網過濾掉蛋的繫帶部分，再加入橙皮。邊用木杓不斷地攪拌混合，邊加熱到85℃。

3

蛋黃煮熟後，從爐火移開，加入吉力丁片，融化混合。

4

先隔冰水散熱，再加入柑桂酒。

4

加熱到手指伸進去時，可以感覺到熱的程度，就將熱水移開。然後，繼續攪拌到顏色變白，質地開始變得濃稠時，溫度冷卻下來為止。

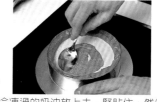

3

將冷凍過的奶油放上去，緊貼住。然後，在上面塗抹少量的慕斯，當作接著劑。

5

直徑14cm的圓形中空模周圍用水沾濕，再用保鮮膜將底部密封起來，貼緊。將4倒入，放進冷凍庫，冷藏凝固。

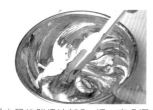

5

先將少量的鮮奶油加入1裡，充分混合。再倒回剩餘的鮮奶油裡，注意不要讓氣泡消失，輕柔地混合。

4

將另1塊已塗抹上糖漿的比斯吉放上去，再將慕斯從上面倒入，用刮板稍微抹平。然後，再用抹刀將表面整平，放進冷凍庫，冷藏約1個半小時。

柳橙巧克力慕斯

1

巧克力隔熱水，加熱到35~40℃的溫度，讓它融化。＞＞巧克力的溫度不宜過度升高，以免影響到接下來要加入的材料。

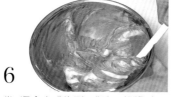

6

當5混合完成約到8成時，就將4加入，用橡皮刮刀，充分混合。

5

先將網架放在托盤上，再將4擺上去，均勻地澆淋上糖衣，放置室溫下凝固。最後，再擺上巧克力裝飾。

2

先混合蛋黃、細砂糖，攪拌到顏色泛白，再加入柳橙汁混合。

組裝

1

比斯吉脫模，先橫切成2cm厚的圓塊。再用直徑14cm的圓形中空模切割，將其中1塊比斯吉放在襯紙上，塗抹上大量的糖漿，讓它完全滲透。

3

用濾網過濾，加入橙皮，邊隔熱水加熱，邊攪拌。

2

用直徑16cm的圓形中空模框住1。將慕斯沿著1的邊緣擠出，再用湯匙的背面按壓，以免有縫隙。然後，在比斯吉上，也抹上薄薄一層的慕斯。

Ivoire

象牙蛋糕

直徑**6**cm × 高**4**cm 的圓形中空模

12個的份量

Biscuit aux Amandes

杏仁比斯吉

A: 蛋白 ···· 4個的份量

　　細砂糖 ···· 100g

蛋黃 ···· 4個

B: 低筋麵粉 ···· 90g

　　杏仁粉 ···· 30g

○ 打發A，製作蛋白霜。

○ 混合B的粉類，過篩。

Compote de Friuts Rouges

糖煮紅果

覆盆子泥 ···· 50g

草莓泥 ···· 50g

細砂糖 ···· 30g

黑醋栗 ···· 50g

草莓 ···· 100g

覆盆子 ···· 100g

吉力丁片 ···· 5g

○ 吉力丁片用水泡脹。

Mousse Chocolat Blanc

白巧克力慕斯

[甘那許]

　香草莢 ···· 2支

　鮮奶油 ···· 65g

　白巧克力 ···· 75g

[炸彈麵糊 (Pâte à Bombe)]

　蛋黃 ···· 75g

　細砂糖 ···· 35g

　水 ···· 15g

鮮奶油 ···· 300g

吉力丁片 ···· 7.5g

○ 白巧克力切碎。

○ 稍微打發鮮奶油。

○ 吉力丁先用水泡脹，再隔熱水融化。

Sirop

糖漿

30度糖漿 ···· 60g

覆盆子利口酒 ···· 60g

草莓糊 ···· 40g

水 (調整用) ···· 適量

○ 所有的材料，加熱到沸騰。

Glaçage Blanc

白巧克力糖衣

鮮奶油 ···· 200g

葡萄糖 ···· 30g

吉力丁片 ···· 2g

白巧克力 ···· 200g

○ 參照p.129的步驟，製作糖衣。

Décor

裝飾

白巧克力 ···· 適量

草莓 ···· 適量

覆盆子 ···· 適量

○ 參照p.128的步驟，製作花瓣形與網狀裝飾。

杏仁比斯吉

1

將蛋黃加入A的蛋白霜裡，注意不要弄破氣泡，用攪拌器，慢慢地，輕輕地混合。

2

混合好後，加入已過篩的B的粉類。

3

用橡皮刮刀，在攪拌盆的底部，大幅度地來回混合。然後，倒入邊長18cm的方形中空模裡。

4

放進烤箱，以160℃，烤約30～40分鐘。然後，放在網架上冷卻。

糖煮紅果

1

將覆盆子泥、草莓泥放進鍋內，再加入細砂糖，加熱。

2

細砂糖溶解，沸騰後，再依序將質地較硬的醋栗子、草莓放進鍋內。

3

再次沸騰後，再將比較容易煮散掉的覆盆子放進去。

4

稍微熬煮過後，加入已用水泡脹的吉力丁片，加熱融化。

5

移到攪拌盆內，隔冰水散熱。趁凝固前，裝入直徑約4cm的圓模裡，放進冷凍庫，冷藏凝固。

白巧克力慕斯

1

先製作甘那許。剖開香草莢，刮下香草籽，再與鮮奶油一起放進鍋內，加熱到沸騰。

2

將1倒入白巧克力裡，邊融化，邊混合。

3

用孔徑細小的濾網過濾，丟棄香草莢。

4

製作炸彈麵糊 (Pâte à Bombe)。先混合蛋黃、細砂糖、水，再隔熱水加熱，用攪拌器，繼續攪拌到質地變得濃稠為止。

5

先將少量的鮮奶油加入4裡混合，再倒回剩餘的鮮奶油裡，用橡皮刮刀，輕柔地混合。＞＞接下來的步驟6、7，在要開始組裝前，再進行即可。

6

先將少量的3加入吉力丁片裡混合，再倒回剩餘的3裡，混合到沒有結塊為止。

7

先用少量的5與6混合，再倒回剩餘的5裡，用橡皮刮刀混合。

組裝

1

先在比斯吉的兩側放上2塊1cm厚的板子固定，橫切成11cm厚的比斯吉塊，再用直徑4～5cm的圓形中空模切割。

2

單面用糖漿沾濕後，馬上撈起，放在直徑6cm的圓形中空模的中央。

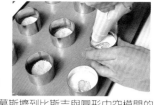

3

將慕斯擠到比斯吉與圓形中空模間的縫隙裡，到與比斯吉同樣的高度。

4

將冷凍凝固過的糖煮紅果放在中央，再將幕斯擠到糖煮紅果的周圍，然後再擠滿模型的表面。

5

用抹刀將上面整平，放進冷凍庫，冷藏凝固。

6

先不要脫模，就這樣澆淋上糖衣，讓它稍微傾斜，佈滿表面，厚度均勻。

7

將模型邊緣多餘的糖衣擦拭掉，底部貼上厚紙，放在小杯子等容器上。再用瓦斯噴槍等器具加熱模型的周圍，讓模型自然脫落。最後，擺上裝飾。

Cuisson et Taillage

加 熱 與 削 切

Cuisson du Sucre ～ 砂糖的加熱

在製作法式糕點 (pâtisserie) 上，砂糖的加熱，共可分為7個階段。
依照溫度的變化，加入砂糖後，烘烤好的甜點就會質地很軟，或很沉重，結果各有不同。
當然，在製作糕點時，依照不同的用途，必需因應各種不同的溫度調整。
在此，就先列舉出各個不同階段的砂糖狀態來為各位作介紹。
在本書的糕點製作過程中，如果出現了「○○℃的砂糖」，就請參考本頁。

細砂糖 ‥‥ 適量
水 ‥‥ 細砂糖的1/3量

＊確認方法 ‥‥ 用湯匙舀起少量的糖漿，滴入裝了冰水的
攪拌盆內，再用手撈起，確認硬度。

0, Préparation
事前準備

1, Sucre Filé
糖絲

溫度：107℃～110℃
代表性的用途：義式蛋白霜、黃
奶油 (Crème au beurre)

2, Petit Boulé
軟球狀態

溫度：117℃～120℃
代表性的用途：質地較蓬鬆的義
式蛋白霜、黃奶油 (Crème au
beurre)

3, Gros Boulé
硬球狀態

溫度：125℃～130℃
代表性的用途：質地較硬的義式
蛋白霜、質地較濃稠的黃奶油
(Crème au beurre)

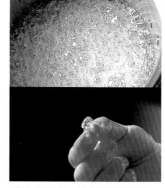

加熱細砂糖、水。開始沸騰時，糖
漿會濺起，附著在鍋壁上，如果再
回到糖漿裡，就會再次結晶，所
以，在加熱的過程中，請用乾淨的
毛刷，不斷地擦拭鍋壁。

鍋中的狀態：冒出大泡沫。
確認：先將圓環浸漬在糖漿中，
撈起後一吹，會像氣球般地脹
大。或者，用手指夾取，再拉開
來，會拉成絲般的狀態。

鍋中的狀態：水分變少，泡沫開
始逐漸變小。
確認：用手揉成圓球狀，很容易
就會凝固起來，即使溫度下降，
也可以保持在一定的柔軟度。

鍋中的狀態：泡沫逐漸變細，
數目增多。
確認：用手揉成圓球狀，會變成
較大的圓球狀，溫度下降，就會
變硬。

Meringue Italienne
製作義式蛋白霜

義式蛋白霜，就是利用熱的糖漿來打發，
以提高氣泡的持久度。蛋白會同時被糖漿
加熱，連帶地達到殺菌的效果。

1

將蛋白、細砂糖 (約為全體量的
10%) 放進攪拌盆裡打發。

4, Petit Cassé 碎裂狀態

溫度：135℃～140℃

代表性的用途：牛軋糖 (nougat)、瑪斯棒 (marzipan)、吉茅芙 (gimauve) 等糖果 (confiserie)。

5, Grand Cassé 易碎狀態

溫度：145℃～150℃

代表性的用途：糖工藝、Fruits Deguises 等砂糖工藝。

6, Petit Jaune 金黃狀態

溫度：160℃

代表性的用途：糖工藝、焦糖的前階段。

7, Caramel 焦糖狀態

溫度：180℃

代表性的用途：焦糖。

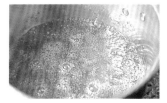

鍋中的狀態：與3的狀態大致相同，泡沫數目增加更多。

確認：從鍋中取出後，還來不及用手揉成圓球狀，就變硬了。不過，還是可以彎曲。

鍋中的狀態：表面幾乎完全被泡沫覆蓋住。

確認：一從鍋中取出，就立刻變硬了。一旦變硬了，就完全失去彈性，彎曲它，就會折斷。

鍋中的狀態：開始稍微變成金黃色。

確認：從此時起，一從鍋中取出，就會立刻變硬，要靠顏色來作判斷。

鍋中的狀態：開始變成深褐色。

確認：觀察鍋內狀況來作判斷。比此溫度還高時，請依照不同的用途，來調節焦糖化的程度。

2

將剩餘的細砂糖分成2次加入打發，製作法式蛋白霜 (Meringue Française)。

3

將已加熱成軟球狀態 (Petit Boulé) 的糖漿，沿著攪拌盆的邊緣，邊一點點地加入，邊慢慢地攪拌混合。

4

用保鮮膜稍加覆蓋，放涼。

Confiture ～ 果醬

果醬，就是在水果裡加入糖分，熬煮而成的素材。

除了可以塗抹在麵包上來吃，還可以用在製作法式糕點 (Patisserie) 上，以增添味道與色彩。

不過，最主要的目的，還是在減少水果所含的水分，濃縮風味，提高保存度。

砂糖的用量，會依照水果的成熟度，或有無酸味而不同，但是，一般大都在水果重量的60%～100% (同量) 間。

在讓砂糖滲透入果實中，同時減少內含的水分這樣的過程中，使用的果實素材，不一定要用新鮮的，冷凍過的素材，反而可以縮短加熱的時間。

另外，最好使用導熱性佳的銅鍋，而且，底部為圓形，可以整體加熱均勻的鍋子，就可以防止燒焦，均勻地熬煮完成了。

覆盆子 (冷凍) ‥‥ 1kg

細砂糖 ‥‥ 1kg

○ 覆盆子在使用前，從冷凍庫取出，讓它
呈半解凍的狀態，備用。

1

將覆盆子放進鍋內。撒上細砂糖，用中火
加熱。

3

細砂糖溶解後，改用大火加熱，同時不斷
地攪拌。＞＞如果不一下子提高溫度來加
熱，果實就會變黑，請特別留意。

5

用溫度計量測，邊不停地攪拌，邊加熱到
103～105℃。

2

用木杓攪拌，混合覆盆子、細砂糖。

4

中途產生的浮沫，用扁平有孔長柄杓
撈出。

6

倒入托盤內，放涼。

Compote ～ 糖煮水果

果醬 (Confiture) 的主要作用，就是在減少水果所含的水分，濃縮風味，提高保存度。

相較於此，糖煮水果 (Compote) 的技巧，則是藉由加了砂糖或酒的液體來熬煮，既可以提高保存度，

還可以保留果實原本就具有的鮮嫩多汁的特性。

熬煮用的液體，大多使用水或果汁、酒等，砂糖的用量，原則上為水果的30～50%。

使用新鮮的水果，就可以讓原本的香味重現。

由於使用的糖分較低，所以，保存時間無法像果醬那麼長。

但是，如果裝入玻璃瓶裡，再加熱殺菌，就可以提高它的保存度了。

水蜜桃 ‥‥ 6個
紅酒、水 ‥‥ 兩者同量混合 (適量)
細砂糖 ‥‥ 水蜜桃的30～50%
肉桂 ‥‥ 適量
香草 ‥‥ 適量
橙皮 ‥‥ 適量

1

水蜜桃洗淨，在尾端劃上十字的刀口。浸泡在冰水裡。

3

靠近蒂的部分，如果不好剝，可以稍微用刀子來切。

5

加熱到開始冒泡時，就將3的水蜜桃放進去。

2

從十字的刀口，用刀子，以縱向來剝皮。

4

將紅酒、水、細砂糖放進鍋內。加入調香用的香料類，加熱。＞＞如果要蒸乾酒精成分，也可以先只將紅酒放進鍋內，加熱到沸騰後，再放入其它的材料。

6

用紙蓋等罩住水蜜桃，以免浮出水面，加熱到沸騰。將浮沫撈出後，就這樣放涼，繼續利用餘熱來讓汁液完全滲透。

Semi-Confit ～ 半果醬

一般而言，水果加熱越久，纖維就會被破壞掉，果肉就很容易鬆散開來。

果醬 (Confiture) 就是利用這樣的特性，所製成的糊狀物。

半果醬 (Semi-Confit) 的技巧，則是儘量減少直接加熱的時間，利用餘熱，以長時間來讓糖分完全滲透，以保留住果實所具有的原味。

水分含量高，外型較小，果肉較易鬆散掉的水果，特別適合用這樣的方式，來保留並充分發揮出它原來的風味。

草莓、美國櫻桃等水果，就非常適合以這樣的方式來加工。

由於減少了加熱的時間，為了相對提高滲透壓，糖漿的濃度就要調整得高一點。

在此，砂糖的用量為水分的3倍量。

細砂糖 ‧‧‧‧ 300g

水 ‧‧‧‧ 100g

草莓 ‧‧‧‧ 200g

1

混合細砂糖、水，加熱到140℃。

3

細砂糖變白，凝固後，再度用小火加熱，讓砂糖溶解。

5

做好後，砂糖會滲透到草莓的內部，將水瀝乾後，草莓的纖維還留著，如圖般地變得很柔軟。雖然素材不同，可能需要做不同的調整，一般來說，步驟3、4，重複4~5次，就可以作成像圖中的樣子了。

2

加入草莓後，熬煮到稍微沸騰了，就立刻從爐火移開，放涼。

4

砂糖溶解後，再放涼。重複數次這個步驟。

Fruits Séchés ～ 乾燥水果

「Fruits Séchés」，直譯成中文，就是「乾燥處理過的水果」之意。
這種技巧，同樣是減少水果裡的水分，用的方式卻不是放進鍋內，用火加熱，而是利用烤箱的熱氣，來乾烤，
以作成像乾燥水果般的效果。
這與半果醬 (Semi-Confit) 的情況正好相反，比較適合用在纖維很紮實的水果上。
製作時，是先讓砂糖滲透入水果裡，再加熱乾烤。但是，如果在前面的階段就加了太多的糖分，烤好後，就會變得太甜。
所以，原則上，用來浸漬的糖漿不宜太濃，加入的砂糖，約為水的半量即可。
如果是像奇異果般柔軟的水果，由於粒子很細小，非常容易滲透，也可以直接撒上糖粉。

蘋果 ···· 2個
奇異果 ···· 2個
鳳梨 ···· 1個
[糖漿]
　　水 ···· 1公升
　　細砂糖 ···· 400g
糖粉 ···· 適量

○ 蘋果請參照p.156的步驟，奇異果、鳳梨
請參照p.157的步驟，作事前處理。
○ 加熱水、細砂糖，製作糖漿。

將已作事前處理完畢的水果，切成薄片。

2

水分含量較多者，用廚房紙巾稍微吸去一
些水分，以便讓糖漿能夠容易滲透進去。

3

將煮沸的糖漿倒入托盤內，形成薄薄的一
層，再把1的水果排列進去，不要重疊。

4

再慢慢地倒些糖漿進去，用保鮮膜密封起
來，靜置。最短1小時，可能的話，最好
放1天。

5

若是要直接撒上糖粉來處理，就先將糖粉
撒在矽利康烤布上，再把水果薄片排列進
去，然後，再用茶濾網，由上往下，撒滿
糖粉。

6

放進烤箱，以80～100℃，乾烤到完全變乾
燥為止。>>如果想要把水果烤成很平的薄
片，可以先在上面蓋上烤盤紙，再用透氣
性佳的網等壓在上面，再烤，就可以了。

Taillage ～ 削切

使用水果時，為了物盡其用，毫不浪費，還有讓甜點完成時，能夠呈現出更漂亮的外貌，削切的技巧，就成了一大訣竅了。
在此，則以幾種水果為範例，來為您介紹削切的基本模式。

Pomme
蘋果
削切方式相同的水果：梨子、洋梨、柿子等仁果類水果。

1

先對半縱切。

2

用挖圓器將中央的籽挖除。如果要去皮，請在這個步驟完成後再進行。

3

然後，切成圓形，月牙形，方形等形狀。

Abricot
杏桃
削切方式相同的水果：李子、西洋李 (mirabelle)、櫻桃等核果類水果。

1

沿著中央略凹下去的部分，把刀切入，切到種籽的地方為止。然後，將水果轉一圈，就可以切過整個水果了。

2

用手拿著兩側，扭轉。

3

朝左右打開，就可以分成對半兩片了。

4

用左手拿著附著了種籽的那片，用刀子切入種籽與果肉之間，繞一圈，將種籽連結著果肉的無數纖維切斷。

5

就這樣用刀尖撬開，種籽就會脫落了。

Papaye
木瓜
削切方式相同的水果：哈密瓜、瓜類等中央有很多種籽的水果。

1

先對半縱切，去蒂。

6

切成月牙形。

2

從左右兩邊切入連接蒂的部分，用刀撬起。

7

外皮朝下，放在鉆板上，將刀子從果皮與果肉間，與鉆板平行地切入，邊移動木瓜，邊將皮削除。

3

就這樣連同纖維部份，用手拉除。去纖維後，種子很輕易就會脫落了。

8

切成圓片時，也用同樣的方式去皮。＞＞果肉較柔軟的水果，在去皮時，與其拿在手上，倒不如像這樣去皮，完成時會比較整齊漂亮。

4

然後，用湯匙挖除種籽。

5

去籽後，所完成的事前處理狀態。可以就這樣拿著湯匙舀，當作點心吃。

Mangue	Mangue	Ananas	Kiwi
菲律賓芒果（鵜鶘芒果）	**愛文芒果**（蘋果芒果）	**鳳梨**	**奇異果**

1

橫向放著，沿著種籽，平行地切過去。

1

與左邊的步驟1、2相同，先切成3塊。

1

將頭尾兩端連同葉片一起切除。

1

用刀從旁邊切入，去蒂。若是邊扭轉蒂的部分，就可以將連著蒂的部分也一起拔除了。

2

翻面，用同樣的方式切入，共切成3塊。

2

將果肉那面朝上，用刀劃成棋盤狀。

2

縱放，由上往下，將外皮削切下厚厚的一層。

2

縱向削皮。

3

用手夾著果肉的兩側，用刀子劃入皮與果肉之間。

3

從皮的那側押得凸出來，就可以變成漂亮的果雕了。如果將它繼續以左邊的步驟3來切開，就可以切成骰子狀了。

3

褐色點狀的部分，也用同樣的方式，削下薄薄的一層。

3

再適度地切成圓形、月牙形、骰子形等形狀。

4

配合不同的用途，適度地切塊。

4

剩餘的褐色顆粒，大致上呈斜向排列，此時，就用刀子從兩側切入，沿著它的排列方向，仔細地切除。

5

最後剩下的顆粒，就用刀尖挖除。

Glace ～ 冰淇淋

香濃的牛奶味,加上冰涼而滑順的口感,就是它的魅力所在。冰淇淋,也是一種可以襯托出素材的風味,可以善加運用的基底材料。

這裡所要介紹的,就是最基本的香草冰淇淋的作法。

在加入鮮奶油的階段時,如果再加入各種不同的香味來調味,就可以變化出各種不同口味的冰淇淋來了。

另外,需特別留意的是,由於冰淇淋在製造時不需要加熱,所以,請特別注意衛生。

製作時的一大重點,就是在用冰水冷卻時,要迅速地讓它降溫,以避開雜菌容易繁殖的35℃～65℃的溫度。

香草莢 ···· 2支
牛奶 ···· 1公升
蛋黃 ···· 12個
細砂糖 ···· 300g
鮮奶油 ···· 400cc

1 香草莢縱向對半剖開。

5 將3的牛奶,最初以少量,剩餘的分成2次,加入混合。

2 刮下裡面的香草籽。

6 倒回鍋內,加熱到83～84℃。

9 隔冰水,讓它迅速降溫。

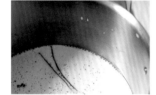

3 香草籽,連同香草莢一起加入牛奶裡,用小火加熱。加熱到邊緣開始出現氣泡,約60℃的溫度,不要將牛奶煮沸,以免有損風味。

7 加熱到拿起木杓後,用手指擦過去,會留下痕跡的狀態,就關火,從爐火移開。

10 等溫度下降到約30℃時,就加入鮮奶油混合,再用保鮮膜密封,放進冰箱,冷藏24小時。

4 混合蛋黃、細砂糖,到顏色泛白為止。

8 迅速過濾,以免餘熱可以繼續加溫。

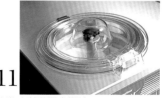

11 放進冰淇淋機內攪拌。

Sorbet ～ 冰沙

冰沙，是用液態的素材與糖漿混合後，所製成的冰點，能夠將素材原有的風味直接地表現出來。

正由於它的材料非常地簡單，所以，糖度的調整，不僅會影響到完成後的甜度，對整體的風味也大有影響，在製作時，請務必仔細確認。

無論是直接用糖漿，或是用細砂糖加水來製作，最終的糖度，一定要確保在約18度。

另外，原本葡萄糖的作用，就是為了要增加完成時的滑順度與黏度。但是，近年來，加入安定劑已變得非常普遍了。

只要在適當的溫度下加入，就可以充分發揮出它的功效。

草莓泥 ‥‥ 500g
檸檬汁 ‥‥ 30g
30度糖漿 ‥‥ 280g
葡萄糖 ‥‥ 60g
安定劑 ‥‥ 5g
水 ‥‥ 250g

4

將3加入1裡，用攪拌器混合。＞＞此時，若是糖漿過熱，草莓泥就會變色，請特別注意。

1

混合草莓泥、檸檬汁。

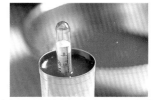

5

用糖度計量測糖度，確認是否已達到約18度。然後，用保鮮膜密封，靜置24小時，再放進機器裡攪拌。

2

將30度糖漿倒入鍋內，加入葡萄糖，加熱。

＞＞Densimètre
／糖度計

所謂的糖度，就是一種用來顯示水果或液體內所含的砂糖比例的指標。一般有兩種單位。一種是使用了裝入鉛等重物的細長形浮標，與圓筒，利用它的比重，來量測糖度的「baume」，另一種是利用物質的密度變高時，折射率也會變高的「光線折射」原理，來量測的折射計所用的單位「brix」。藍帶廚藝學院在製作糖漿時，幾乎都是以「baume」為單位的標準。另外，30度（baume）糖漿，就是在1公升的水裡，溶解135g的砂糖而成。

3

溫度升高到35℃~40℃時，加入安定劑。全部溶解後，立即從爐火移開。

＞＞Sorbetière
／冰沙機（冰淇淋機）

冰沙機（冰淇淋機），簡單地說，就是一種附帶冷卻機能的電動攪拌機。機器的中央，配置有攪拌盆，或圓筒，使用的時候，將所有的材料裝到裡面，再按下冷卻＋攪拌＋時間的設定按鈕，就會不停地迴轉，並開始冷卻。冰淇淋或冰沙，就會自動完成了。此外，由於這是不需經過加熱的甜點，所以，務必要確實地完成機器、材料的殺菌。

LE CORDON BLEU

"De la Cueillette, à la Recette"

法國巴黎藍帶廚藝學院

1895年，創立於巴黎，歷經傲人的100年以上的歷史，聞名於世。

在日本，1991年於東京代官山開校以來，就因為是一個可以汲取法國料理真髓的最佳場所，而大受歡迎。

2000年，另設立了橫濱分校、2004年1月在關西地區開設了第一所分校-神戶分校。全世界15個國家中共設有25校，擁有1萬8000人以上的在籍生。

代官山校　東京都涉谷區猿樂町28-13　ROOB-1　0120-454840

橫濱校　　神奈川縣橫濱市西區高島2-18-1　B1F　0120-454840

神戶校　　兵庫縣神戶市中央區播磨町　6/7F　0120-138221

URL　　　http://www.cordonbleu.co.jp

LE CORDON BLEU

PARIS LONDON OTTAWA JAPAN U.S.A. AUSTRALIA PERU KOREA BEIRUT

MEXICO

LE CORDON BLEU　"De la Cueillette, a la Recette"

© Le Cordon Bleu Paris Limited [2004] for the original Japanese text

© Le Cordon Bleu International BV [2004] for the Complex Chinese translation

Originally published in Japan in 2004 by SHIBATA PUBLISHING CO.,LTD.

原著作名　　ル・コルトン・フルーの 20の素材と41のフランス菓子

作者　　　　法國藍帶廚藝學院　日本校

原出版者　　柴田書店

國家圖書館出版品預行編目資料

法國藍帶糕點應用20種素材41道糕點變化
　　法國藍帶廚藝學院 著：--初版.--臺北市
　大境文化，2006[民95] 面： 公分.
　　(法國藍帶系列：LCB 9)
　　　ISBN 957-0410-52-3
　　　　1.食譜 - 點心 - 法國
　　427.1　　　　95004121

系列名稱 / 法國藍帶

書　　名 / 法國藍帶糕點應用20種素材41道糕點變化

作　　者 / 法國藍帶廚藝學院 東京分校

出版者 / 大境文化事業有限公司

發行人 / 趙天德

總編輯 / 車東蔚

文　編 / 編輯部

美　編 / R.C. Work Shop

翻　譯 / 呂怡佳

地址 / 台北市雨聲街77號1樓

TEL / (02)2838-7996

FAX / (02)2836-0028

初版日期 / 2006年4月

定　價 / 新台幣380元

ISBN / 957-0410-52-3

書　號 / 09

讀者專線 / (02)2836-0069

www.ecook.com.tw

E-mail / editor@ecook.com.tw

劃撥帳號 / 19260956大境文化事業有限公司